PAULO JORGE MAGALHÃES TEIXEIRA

JOGOS PARA O ENSINO E A APRENDIZAGEM DE PROBABILIDADE NA EDUCAÇÃO BÁSICA

EDITORA CIÊNCIA MODERNA

Jogos para o Ensino e a Aprendizagem de Probabilidade na Educação Básica

Editor: Paulo André P. Marques
Produção Editorial: Dilene Sandes Pessanha
Capa: Daniel Jara
Diagramação: Daniel Jara
Copidesque: Equipe Ciência Moderna

FICHA CATALOGRAFICA

TEIXEIRA, Paulo Jorge Magalhães.

Jogos para o Ensino e a Aprendizagem de Probabilidade na Educação Básica

Rio de Janeiro: Editora Ciência Moderna Ltda., 2024.

1. Matemática 2. Probabilidades
I — Título

ISBN: 978-65-5842-386-7

CDD 510

519.2

Editora Ciência Moderna Ltda.
R. Alice Figueiredo, 46 – Riachuelo
Rio de Janeiro, RJ – Brasil CEP: 20.950-150
Tel: (21) 2201-6662/ Fax: (21) 2201-6896
E-MAIL: LCM@LCM.COM.BR
WWW.LCM.COM.BR **06/24**

Dedicatória

Dedico este trabalho aos meus amados e queridos pais, Fernando Teixeira Malta (in memoriam) e Ana Magalhães Malta, de quem aprendi o caminho da honestidade, caráter, retidão, luta, esforço, justiça, amor e trabalho - razões de minha existência e da minha caminhada.

Igualmente dedico este trabalho aos queridos irmãos, Hilda, Luís Antônio e Elizabete, presentes não apenas durante a etapa de escrita deste livro, mas em tantas outras realizações pessoais e familiares.

Agradecimentos

Desde já agradeço a DEUS por ter me concedido saúde, sabedoria, lucidez e entusiasmo para concluir mais este trabalho.

Em todos os momentos e experiências formativas de minha carreira docente, que foram rememorados, em parte, durante a escrita deste livro, se junta a felicidade de poder repartir o tanto de reflexões e conhecimentos que cumulei nos anos de estudo, trabalho e vida.

Na certeza de que assim o fazendo sinto-me agradecido a DEUS por tudo o que tenho dele recebido, igualmente agradeço pelo dom da vida, pela saúde, lucidez, fé, carisma, entusiasmo, perseverança, imensa vontade de repartir, paz no coração, na vida e no trabalho, bem como a imensa satisfação de ensinar para aprender e de aprender para ensinar.

Tudo o que o senhor bom DEUS me tem proporcionado viver e trilhar - tanto na vida pessoal quanto na trajetória profissional - são desígnios dele e a ele, portanto, hoje e sempre minha eterna gratidão.

Cabe também agradecer a todos os meus professores, - desde os anos iniciais até o ensino superior -, pois cada um soube plantar e semear uma sementinha de amor à profissão de professor, que mais tarde abracei. Além do mais, os ensinamentos aprendidos vêm frutificando, todos os dias.

Sinto-me também agradecido às pessoas que cruzaram o meu caminho, uma vez que cada uma a seu modo e intenção deixou suas marcas e estas marcas permitiram-me aprender que sempre deveria esforçar-me de modo tornar-me uma pessoa melhor a cada dia, todos os dias.

Felizmente, é bem grande a quantidade de marcas boas, alegres, festivas, agradáveis e marcantes em minha vida. São elas que têm permitido sentir-me presenteado, todos os dias, tanto em meu íntimo quanto por meio de minhas ações e intenções. E com forças para continuar sereno e confiante na caminhada.

E as marcas não boas? Elas foram esquecidas desde então, e é assim que penso devem ser vistas de modo que deem lugar às muitas marcas boas que brotam todos os dias, e me permitam passar a viver com elas e para elas. E assim tem sido feito!

Sobre O Autor

Paulo Jorge Magalhães Teixeira é Doutor em Educação Matemática pela Universidade Bandeirante de São Paulo (UNIBAN) – atualmente, Universidade Anhanguera de São Paulo (UNIAN); Doutor em Ciências de la Educación pela Universidad Americana; Mestre em Matemática - área de Álgebra -, Licenciado Pleno em Matemática e Bacharel em Matemática, ambos pela Universidade Federal Fluminense (UFF), e Bacharel em Engenharia Elétrica, ênfase em Eletrotécnica, pela Universidade Federal do Rio de Janeiro (UFRJ). Desenvolve pesquisas e estudos na área de Formação de Professores que ensinam Matemática na Educação Básica e na construção de materiais pedagógicos manipuláveis e jogos - próprios ao ensino e aprendizagem da Matemática na escola básica. É Professor Associado do Instituto de Matemática e Estatística da Universidade Federal Fluminense (IME-UFF), onde atua nas áreas de ensino, pesquisa e extensão com alunos de Licenciatura em Matemática, Engenharias e no curso de Especialização em Ensino da Matemática. Foi Professor Titular do Colégio Pedro II - pertencente à Rede Federal de Ensino Básico, Técnico e Tecnológico do Ministério da Educação -, onde atuou com alunos da Educação Básica: Ensino Médio e Educação de Jovens e Adultos (EJA). É consultor da Fundação CESGRANRIO para atividades relacionadas com formação continuada de professores que ensinam Matemática na Educação Básica. É Coordenador do OBSEM - Observatório de Educação Matemática - projeto alternativo de estudos e pesquisas que tem o propósito de estudar e investigar práticas relacionadas com o ensino e a aprendizagem de conceitos da Matemática por professores que ensinam Matemática, e no apoio à formação inicial de alunos das Licenciaturas de Matemática e Pedagogia por meio de programas de formação continuada. O autor escreveu, e escreve, artigos que versam sobre o ensino e aprendizagem de conteúdos da Matemática da Educação Básica e que tratam de questões pertinentes às formações inicial e continuada de professores que ensinam/ensinarão Matemática para os estudantes deste segmento de ensino.

O autor escreveu os seguintes livros:

1. *Resolvendo problemas de Análise Combinatória nos anos iniciais do Ensino Fundamental*, Editora Ciência Moderna. 1ª.ed. 173p. Rio de Janeiro, 2014.

2. *Práticas acerca do Raciocínio Combinatório no Ensino Fundamental*, NEA – Novas Edições Acadêmicas. 1ª ed. 456p. São Paulo, 2015. Disponível em: https://www.nea-edicoes.com/catalog/search. Acesso em 25 de julho de 2023.

3. *Ensino de Análise Combinatória na Educação Básica: Uma trajetória.* NEA – Novas Edições Acadêmicas. 1ª. ed. 376p. São Paulo, 2015. ISBN – 978-3-639-83624-0. Disponível em: https://www.nea-edicoes.com/catalog/search. Acesso em 25 de julho de 2023.

4. *Problemas básicos de Matemática Financeira. Pagar à vista ou pagar parcelado? Qual a taxa de juros? Qual a melhor decisão a tomar?* Editora Ciência Moderna. 1ª. ed. 208p. Rio de Janeiro, 2016.

5. *Resolvendo problemas de Análise Combinatória nos anos finais do Ensino Fundamental*, Editora Ciência Moderna. 1ª. ed. 275p. Rio de Janeiro, 2017.

6. *Resolvendo problemas de Análise Combinatória no Ensino Médio*, Editora Ciência Moderna. 1ª. ed. 505p. Rio de Janeiro, 2021.

7. *Introdução à Álgebra Linear e Geometria Analítica: Novo enfoque, novos olhares*, Editora Ciência Moderna.

1ª. ed. 294p. Rio de Janeiro, 2021.

8. *Tópicos avançados em Análise Combinatória*, Editora Ciência Moderna. 1ª. ed. 305p. Rio de Janeiro, 2021.

9. *Curiosidades, passatempos, desafios e jogos combinatórios: atividades para aulas de Matemática*, Livraria da Física, 1ª Edição, São Paulo, 302p. 2021.

10. *Jogos para o ensino-aprendizagem de Análise Combinatória na Educação Básica*, Editora Ciência Moderna, 1ª Edição, Rio de Janeiro, 230 p. 2021.

11. *Teoria dos Grafos: Tópicos e Problemas,* Editora Ciência Moderna. 1ª. ed. 183p. Rio de Janeiro, 2022.

Prefácio

(RE) PENSANDO A MATEMÁTICA NO ENSINO BÁSICO: continuando a reflexão

De há muito que se denuncia o distanciamento da Universidade com relação ao Ensino Fundamental e Médio. Tem havido inúmeras tentativas, sob a forma de projetos-piloto e outros tipos de experiências que visam eliminar, ou pelo menos, minimizar essa falta de integração. O sucesso de tais empreendimentos tem sido bastante relativo, embora não negligenciável.

Algumas políticas públicas têm buscado incentivar as licenciaturas nas Universidades e, indiretamente, a profissão de professor do ensino básico. Entretanto, além de pontuais, elas são muito afetadas pelos distintos contextos políticos. Ora são incentivadas ora negligenciadas.

Muito ainda precisa ser feito – os salários aviltados, as precárias condições de trabalho e a desvalorização social da profissão constituem entraves ao maior sucesso dessas importantes iniciativas.

Ao mesmo tempo, outras políticas públicas de valorização da ciência (e dos cientistas) nos órgãos de fomento da pesquisa (alguns participando dos incentivos tratados acima) afetam, sobremaneira, a vida acadêmica e a formação de professores nas Universidades. De fato, o ensino ainda não recebe, em nosso país, o reconhecimento acadêmico que merece ter.

As duas formas de atuação na docência (ensino superior e ensino fundamental e médio) são necessárias e têm levado a significativos progressos na ciência brasileira em interessantes momentos de retroalimentação.

Entretanto, sempre aparecem efeitos não desejados em ações que não contam com tais externalidades. As políticas de efetivo apoio à docência permanecem frágeis.

A situação de um professor com dupla, tripla e às vezes mais inserções na vida profissional, com atuação nos níveis fundamental, médio e superior, é problemática do ponto de vista pessoal e profissional.

A sobrecarga de afazeres diversos, as múltiplas exigências, a necessidade de publicar e a participação em congressos tornam a dedicação exclusiva quase uma necessidade.

Oferecer a tranquilidade para trabalhar em um ambiente único, torna a vida de qualquer profissional mais harmoniosa, menos tensa, mais produtiva. Entretanto, com isso, perde-se uma vinculação entre o ensino superior e o básico, ainda feita, na prática, por um número expressivo de profissionais.

Se levarmos em consideração outro processo (integrado aos anteriores) que, já há algum tempo vem marcando as novas gerações de universitários quando, após graduarem-se, ingressam imediatamente no mestrado e daí no doutorado e pós-doutorado, chega-se à conclusão que boa parte dos alunos universitários é absorvida pelo próprio sistema superior de ensino.

Daí surge um problema, cada vez mais evidente: professores universitários que nunca saíram do sistema, isto é, não têm experiências fora da Universidade.

As políticas públicas destinadas a criar melhores condições de trabalho e de estudo favorecem o *gap* entre os níveis de ensino, sem que isto seja seu objetivo, por óbvio.

Faltam, cada vez mais, professores com experiência nos ensinos fundamental e médio para ministrar as disciplinas de formação de professores para a escola básica e esse quadro é de difícil reversão.

É nesse *framework* que se inscreve este livro do Professor Paulo Jorge Magalhães Teixeira.

Com larga experiência no ensino superior (IME-UFF - Instituto de Matemática e Estatística da Universidade Federal Fluminense) e nos ensinos fundamental e médio (Colégio Pedro II), apresenta-nos uma proposta de trabalho muito interessante, baseada em numerosos cursos que ministrou para professores de ensino básico, em vários estados brasileiros.

Neles pode pesquisar os maiores "gargalos" no ensino da matemática e, com base na sua vivência em sala de aula e no diálogo com os professores participantes, ir desenvolvendo uma metodologia de ensino que auxilia - tanto alunos quanto professores - a ultrapassar alguns desses entraves.

Essa metodologia está expressa no presente livro "**Jogos para o ensino e a aprendizagem de Probabilidade na Educação Básica**".

Como escreve o próprio autor, este livro destina-se preferencialmente a professores de Matemática que atuam na Educação Básica (também a professores formadores de professores para atuação na Educação Básica), que desejam apresentar e desenvolver com seus alunos a prática de questões relacionadas à algumas questões de matemática básica, como destaque para as de análise combinatória e probabilidade, presentes no cotidiano dos alunos e das pessoas comuns.

Para tanto, de maneira que se possa atingir tal propósito, professores que gostariam de contar com sugestões de jogos que possam aplicar.

Aí está a chave do sucesso anunciado para esta obra: sugestões de atividades e jogos que permitem ao professor do Ensino Fundamental e Médio aplicar a metodologia proposta pelo autor, diretamente, em sala de aula.

Trabalhos como este são raros, mas, muito necessários, pois estabelecem uma ligação entre os diferentes níveis de ensino e favorecem a ultrapassagem dos "hiatos", fruto, em muitos casos, da falta de experiência com classes do ensino básico por parte dos docentes das licenciaturas do nível superior.

Acompanho há muitos anos o trabalho do meu querido primo Paulo Jorge, seus progressos no mestrado, no doutorado e, principalmente, suas angústias a respeito da separação entre o ensino universitário e o fundamental e médio.

Ao publicar este livro desenvolve um projeto que, estimo, tenha prosseguimento em outros produtos intelectuais que auxiliem o professor do ensino básico a se sentir apoiado por experientes especialistas do ensino superior.

Como foi dito anteriormente, são cada vez mais raros os professores dotados dessas múltiplas competências e experiências nos diferentes níveis de ensino, principalmente em trabalhos simultâneos de sinergia entre a teoria e a prática de sala de aula.

Fico feliz de participar deste projeto, com o qual me identifico profundamente, em termos metodológicos, na minha área de atuação, o que me faz recomendar o livro a todos que se interessem pela temática.

Prof. Dr. João Rua
Professor dos cursos de Mestrado e Doutorado do
Departamento de Geografia e Meio Ambiente da PUC-Rio.
Pontifícia Universidade Católica do Rio de Janeiro

Apresentação

Este trabalho é fruto das reflexões do autor acerca de algumas experiências pessoais - tanto as profissionais - no exercício da docência -, quanto em relação ao que cumulou por meio de leituras, estudos e pesquisas pertinentes às temáticas presentes no texto.

São recortes, tanto de momentos que desfrutou e da alegria de poder contar um pouco de tudo o que vivenciou no exercício da docência e em experiências diversas vividas, quanto da elaboração e a aplicação de atividades escolares que vêm sendo desenvolvidas no seio do OBSEM – Observatório de Educação Matemática.

Este livro se configura como fruto de esforços do autor em levar adiante propostas formativas aos membros do OBSEM como alguns dos princípios norteadores para o desenvolvimento de trabalhos e que poderiam, também, ser desenvolvidos pelo coletivo.

Também tem o objetivo de fazer chegar, de forma organizada, a um universo bem maior de professores e alunos Brasil afora, algumas ideias, resultados de estudos e pesquisas, conhecimentos e experiências que os membros do OBSEM desenvolvem em relação a recursos didáticos, e temáticas, próprios de currículos de matemática para estudantes do Ensino Básico.

O livro permite dar maior visibilidade ao trabalho que o grupo produz e, assim, expandir fronteiras do conhecimento para além de suas ações habituais - que têm sido realizadas tanto no seio do OBSEM quanto em fronteiras urbanas próximas.

Uma vez que as ações do OBSEM brotam das necessidades de investigações que, em grande parte, demandam das reflexões e discussões entre os seus membros ou são resultados de experiências pessoais de cada um de seus membros em suas práticas docentes cotidianas, as temáticas exploradas ao longo do livro são variadas, como não poderiam deixar de ser. No seio do OBSEM tais ideias fervilham.

Quando possível, os temas de diferentes jogos e atividades são explorados em conjunto por meio de pertinentes conexões. Eles têm em comum prover o contato de alunos e professores com temáticas que apresentam certos embaraços quando conceitos, competências e habilidades precisam ser apropriados, desenvolvidos e exploradas em sala de aula.

Em prosseguimento aos jogos, e por meio deles, as atividades visam fundamentar competências para a resolução de problemas de contagem e cálculos de probabilidade, no universo de dois dos eixos norteadores do ensino da Matemática na Escola Básica: jogos e resolução de problemas.

Em outra vertente, tem-se a preocupação direta e indireta de contribuir para a melhoria da leitura e da escrita em Matemática oportunizando que os alunos se expressem a respeito do que vivenciaram e aprenderam com os jogos.

Também a oportunidade de os alunos poderem expressar suas opiniões em relação a algumas questões presentes no jogo. Por exemplo, opinarem sobre o que acham em relação à ampliação da participação de mais colegas no jogo e quais alterações precisariam ser feitas, se for o caso.

Não obstante considerarmos importante a apropriação de conceitos, competências e habilidades para a resolução de problemas, em Matemática, também entendemos ser imperiosa a disseminação de atividades que contribuam para o desenvolvimento da leitura e da escrita em Matemática, entre os alunos.

Consideramos que tais habilidades são essenciais e indispensáveis para todos os cidadãos. Mas, em particular, também as consideramos indispensáveis para o aprimoramento do ensino e aprendizagem da Matemática na Escola Básica.

Considerando a importância que emprestamos à apropriação de tais habilidades pelos alunos e professores, o conteúdo do livro também tem o propósito de contribuir para um ensino e aprendizagem da Matemática na Escola Básica por meio de conceitos e considerações presentes no seio de conceituações presentes na Educação Matemática Crítica, área de estudos da Educação Matemática.

A cada Capítulo fazemos uma breve introdução de modo que o leitor possa situar a(s) temática(s) envolvida(s), além de apresentar sugestões para a exploração das atividades.

Para cada jogo, apresentamos os objetivos do jogo, os materiais que precisam ser reproduzidos pelos professores, e entregues aos alunos, e os recursos materiais que podem ser reutilizados em todas as oportunidades nas quais o jogo seja proposto.

Ao final de cada jogo, apresentamos sugestões aos professores no que refere a algumas possibilidades de vir a explorá-lo em sala de aula. Incluímos questões que podem/devem ser respondidas pelos alunos, a critério do professor, com o propósito de que eles identifiquem o que foi aprendido da temática, por meio do jogo.

Cada jogo tem o objetivo de motivar o estudo do conteúdo que nele está presente, durante as tomadas de decisão, por meio das jogadas que são necessárias empreender para o seu desenrolar.

Entendemos, que o jogo também presta-se ao propósito de ser um disparador de ideias iniciais básicas para o desenvolvimento do ensino e da aprendizagem da temática, subjacente ao jogo em si.

Uma vez que tais ideias tenham sido lançadas para a reflexão dos jogadores ao longo do desenrolar de uma partida, elas serão o germe para as tomadas de decisão do professor quanto aos caminhos de ensino que deve trilhar, em prosseguimento ao jogo, nas aulas seguintes.

Escrever este livro, constituiu importante momento pessoal para o autor, segundo o qual procurou trazer para as palavras tudo o que considerou importante deveria repartir com os leitores a respeito dos conteúdos matemáticos que deveriam ser abordados. Também, como tais conteúdos podem ser úteis ao trabalho de professores e alunos para o conhecimento, desenvolvimento e aprofundamento da temática probabilidade, desde então.

Por conta disso, o autor sentiu-se - e se sente sempre - na necessidade de contribuir com o pouco que seja em relação a tudo que acredita ser possível fazer de melhor - não necessariamente considerando que aquilo que faz seja o melhor.

Tanto no que refere à disseminação dos conhecimentos próprios da Matemática, quanto no repartir experiências docentes que visem contribuir para a melhoria da formação matemática acadêmica e docente dos leitores.

O público-alvo do livro são os alunos da Educação Básica, os professores que ensinam Matemática para os estudantes deste segmento de ensino, os futuros professores (estudantes dos cursos de formação inicial em Licenciaturas: de Matemática e de Pedagogia), os leitores que se interessam por livros com conteúdo voltado para as temáticas probabilidade e análise combinatória. Também, e não menos importante, o livro destina-se à família (que sempre incentiva) do estudante da Educação Básica e aos muitos amigos que leem, opinam, sugerem e incentivam todo o nosso trabalho.

Por fim, o autor gostaria de pedir aos leitores que escrevam para o seu endereço eletrônico pessoal; paulojorge@id.uff.br para repartir as suas impressões, experiências didáticas e análises crítico-reflexivas acerca desta obra.

Boa leitura para todos.

Gratidão, sempre!

Sumário

Capítulo 1

Conhecimentos Próprios aos Professores que Ensinam Matemática na Educação Básica

1.1 Formação continuada de professores

Programas relacionados à formação inicial ou continuada e à atuação profissional de professores comprometidos com a prática docente de sala de aula, independente da realidade escolar em que o professor atua, não podem prescindir de tomar como referências básicas para fundamentar suas propostas de formação docente as abordagens de Lee S. Shulman (1986, 1987) e de Ball, Thames & Phelps (2008), as quais discutem os conhecimentos necessários à referida formação.

Em particular, propostas para professores que ensinam matemática na Educação Básica.

Como o cerne da questão - objeto deste Capítulo - são reflexões acerca do desenvolvimento profissional de professores que ensinam matemática e do conhecimento profissional docente, de início remete-se à década de 80, onde poucos estudos buscavam investigações acerca da formação de professores.

E, para tal, apoiamo-nos nos estudos desenvolvidos por Shulman (1986).

Após mudar-se para a "Stanford University" em 1983, Shulman observou que nos resultados das pesquisas à época o ensino ainda era considerado como uma atividade genérica distante daquela relacionada ao que estava sendo ensinado, por quem, para quem e para qual nível de escolarização.

Assim, conforme palavras do autor, as pesquisas não se preocupavam em investigar:

> [...] como o conteúdo específico de uma área de conhecimento era transformado a partir do conhecimento que o professor tinha em conhecimento de ensino. Tampouco perguntaram como formulações particulares do conteúdo se relacionavam com o que os estudantes passaram a conhecer ou a aprender de forma equivocada (SHULMAN, 1986, p. 6).

Ainda segundo o autor, os processos de seleção e avaliação de professores, as pesquisas acerca dos conhecimentos necessários ao professor para atuar e as políticas públicas relacionadas à formação não se preocupavam em responder a outras questões que ele considerava como necessárias.

Shulman (1986) considera importantes as seguintes questões:

- O comprometimento em relação às estratégias pedagógicas nos casos em que o professor não tem domínio dos conteúdos que deve/precisa ensinar;
- As conexões que os professores fazem para abordar diversos assuntos;
- O estabelecimento da intradisciplinaridade e da interdisciplinaridade;
- As explicações dos professores acerca de determinados conteúdos;

- As fontes de analogias, exemplos, metáforas, reinterpretações e concepções que os professores têm em relação aos objetos.

Shulman (1986) afirma que, de todas as omissões que suas pesquisas identificavam à época, a que mais preocupava a ele e a seus colaboradores como sendo a mais complexa era a questão relativa à não consideração quanto ao pensamento do professor como elemento central ao ensino, uma vez que a pesquisa evidenciou que o comportamento do professor poderia ser relacionado ao desempenho do aluno - denominada por ele de "*programa processo-produto*".

Os estudos tornaram, ainda, evidente que também a escola poderia fazer diferença na aprendizagem dos alunos, em contrariedade às pesquisas que até então consideravam a classe social do aluno e as suas relações familiares como determinantes do seu desempenho.

Por conta disso, Shulman (1986) já indicava que à época, em uma tentativa de simplificar a complexidade do ensino em sala de aula, as pesquisas sobre ensino ignoraram a existência do conteúdo específico da disciplina que o professor vai ensinar como um relevante aspecto a ser considerado no dia a dia da sala de aula.

Ele denominou essa lacuna de "*paradigma perdido*" (SHULMAN, 1986, p. 7).

Além disso, ele observou que ainda permanecia o "*paradigma perdido*" no estudo do ensino: o conhecimento do conteúdo, o que era ensinado nos diferentes componentes curriculares, os conteúdos escolares relacionados a grandes áreas do conhecimento humano.

Portanto, uma vez tendo constatado que se tratava de um componente de pesquisa até então não explorado no estudo do ensino, Shulman (1986) propôs uma base de conhecimentos para superar esse paradigma - a qual foi prioritariamente construída a partir do saber específico da disciplina.

Para a construção dessa base de conhecimentos Shulman (1986) deu início a um novo programa de pesquisa: o Projeto "*Knowledge Growth in a Profession*", com o objetivo de recuperar o "*paradigma perdido*", salientando que o domínio de um conteúdo é imprescindível para o ensino de qualquer disciplina.

Segundo Mizukami (2004): "Para o autor, com a definição do "*paradigma perdido*" e o desenvolvimento de pesquisas sobre o 'conhecimento do professor' pensou-se chegar a uma visão mais compreensiva do ensino" (MIZUKAMI, 2004, p. 3).

Para Shulman (1986), existem 3 (três) categorias de conhecimentos que devem ser considerados como necessários para o professor desenvolver a profissão docente:

- O *conhecimento da docência* (conhecimentos profundos do próprio sujeito acerca do conteúdo especializado que deve ensinar e relativos ao conjunto de conceitos e procedimentos específicos da disciplina que, por sua vez, constituem objetos da cultura geral e guardam estreita relação com os saberes da ciência de onde a disciplina se origina);
- O *conhecimento pedagógico do conteúdo* (a importância desse conhecimento para o que chama de ensino bem sucedido, pois se trata do conhecimento da disciplina que está voltado para o ensino e dos aspectos de conteúdo e as estratégias de abordagem mais adequadas para o desenvolvimento de um determinado conteúdo, em sala de aula);

- O *conhecimento curricular* (processo pelo qual tais conhecimentos são aprendidos ao longo de processos formativos e do exercício profissional: a base de conhecimento para o ensino e o processo de raciocínio pedagógico provenientes do conhecimento de diferentes programas para o ensino de temas ou tópicos, em determinado nível e período).

Shulman (1986) busca em suas pesquisas discutir os conhecimentos que servem de base para formação e atuação docente e, como tal, propôs um domínio especial de conhecimento do professor que chamou de "*conhecimento pedagógico do conteúdo*", o qual faria uma "ponte" entre o conhecimento do conteúdo e a prática do ensino.

Para Shulman (1986), esse conhecimento é a categoria mais provável de distinguir o entendimento do especialista no conteúdo da visão do pedagogo.

Ele sugeriu que existe um conhecimento de conteúdo exclusivo para o ensino - o conhecimento específico do profissional.

Shulman (1986) argumentou que "o mero conhecimento do conteúdo é provável de ser tão inútil pedagogicamente quanto à experiência sem conteúdo" e prossegue: "saber um assunto para ensiná-lo requer mais do que saber os seus fatos e conceitos".

Desse modo, os professores devem também entender os princípios organizadores, as estruturas e as regras para estabelecer o que é legítimo a fazer e dizer em um campo (área) de ensino.

Segundo Shulman (1986), "o professor não deve entender que alguma coisa é assim, o professor deve entender mais profundamente porque uma coisa é assim, em que bases a sua garantia pode ser afirmada, e sob que circunstâncias a nossa crença na sua justificativa pode ser enfraquecida ou negada".

A partir dos resultados dessas pesquisas, Shulman (1986) passa a adotar outro paradigma de investigação: o "*interpretativo*", que considera desde microanálises de interações verbais até a macro análise de escolas ou comunidades inteiras, diferentemente do que o era o "*programa processo-produto*".

Assim, o paradigma de pesquisa "*pensamento do professor*" "tornou-se referência dos trabalhos que passaram a ser realizados, como uma clara reação ao "*paradigma processo-produto*"" (MIZUKAMI, 2004, p.2-3).

Em 1986, Shulman concluiu um estudo e publicou o artigo "*Those who understand: knowledge growth in teaching*" (Aqueles que compreendem: crescimento do conhecimento no ensino), que pontua a necessidade de estabelecer conhecimentos que servem de base para a formação e o exercício da profissão docente.

Segundo Shulman (1986), para ensinar de acordo com os padrões desejáveis a fim de encaminhar satisfatoriamente os processos de ensino e de aprendizagem, os professores precisam compreender os assuntos profundamente e de forma flexível.

A adoção de tal comportamento poderá ajudar os alunos a criarem mapas cognitivos úteis, que relacionem uma ideia a outra, e a registrarem os equívocos de ligações entre assuntos.

Os princípios teóricos de Shulman (1987) são determinantes para o desenvolvimento de atividades relacionadas ao desenvolvimento profissional de professores.

Segundo Shulman (1987), esses conhecimentos são essenciais, pois "Em ensino, a base de conhecimento é o corpo de entendimentos, conhecimentos, habilidades e disposições que um professor precisa para atuar efetivamente numa dada situação de ensino" (SHULMAN, 1987, p. 106).

Shulman (1987) e seus colaboradores alertavam que, enquanto a partir de pesquisas e estudos podia-se inferir que os professores têm conhecimento de seus alunos, do currículo e do processo de aprendizagem usado para tomar decisões com base no pensamento do professor, ainda "permanece obscuro o que os professores sabem sobre os conhecimentos de suas áreas específicas e como eles escolheram representar a matéria durante o ensino" (WILSON; SHULMAN & RICHERT, 1987, p. 108).

Em 1987, Shulman publicou o artigo "*Knowledge and Teaching: Foundation of the New Reform*" (Conhecimento e Ensino: Fundamentos para nova reforma), o qual apresenta um refinamento de suas ideias e amplia os conhecimentos citados nas três primeiras categorias, tendo acrescentado outras que igualmente estão relacionadas com os conhecimentos necessários à prática docente:

- Princípios e estratégias de manejo em sala de aula; materiais e programas curriculares;
- Conhecimento de conteúdo pedagógico (a relação entre conteúdo e pedagogia, exclusivo do professor);
- Conhecimento sobre os alunos e suas características; conhecimento do contexto educacional;
- Conhecimento dos fins, propósitos e valores educacionais e sua base filosófica e histórica.

Shulman (1987) salienta a importância de um professor conhecer a base de conhecimento necessário para ensinar, o *conhecimento pedagógico de conteúdo*, apontando que

> [...] A chave para distinguir a base de conhecimento para ensinar reside na intersecção de conteúdo e pedagogia, na capacidade de um professor para transformar o conhecimento do conteúdo que ele ou ela possui, em formas que são pedagogicamente poderosas e ainda adaptativas às variações em habilidade e experiências apresentadas pelos estudantes. (SHULMAN, 1987, p.16)

De acordo com Shulman (1987), quando se considera o *conhecimento do conteúdo específico* é preciso que os professores tenham conhecimento das estruturas substantivas e das estruturas sintáticas.

O conhecimento das estruturas substantivas é o conhecimento das formas pelas quais os princípios fundamentais da disciplina estão estruturados - inclui paradigmas explicativos utilizados pela área -, o que implica saber identificar as noções mais profundas do conteúdo a ser ensinado (aquelas que estão localizadas no seu núcleo).

E, ainda, os conceitos fundamentais da disciplina e a importância que esses conceitos têm para a formação dos alunos, bem como a relação destes com as demais disciplinas.

Quanto ao conhecimento das estruturas sintáticas, é preciso que os professores tenham conhecimento da estrutura sintática da disciplina, ou seja, é preciso que tenham visão da maneira como ela se situa junto à ciência a qual pertence.

Ademais, é preciso que os professores compreendam e entendam como as pesquisas se orientam e se realizam - padrões estabelecidos por uma comunidade disciplinar -, de modo a aceitar os novos conhecimentos introduzidos e quais as tendências consideradas atuais nessa área do conhecimento.

Assim, a estrutura sintática abrange os conhecimentos a respeito de maneiras com as quais a disciplina constrói e avalia um novo conhecimento. Ao professor, cabe aprender e compreender esses conceitos tomando por base os métodos de investigação e os princípios que regem a área de conhecimento da disciplina.

Ball, Thames e Phelps (2008) voltaram seus estudos à compreensão acerca dos conhecimentos para o ensino da Matemática tomando por base a categoria "*conhecimento do conteúdo para o ensino*", a qual foi construída a partir do *conhecimento pedagógico de conteúdo* segundo Shulman (1986).

Isto, porque este conhecimento de Shulman permitiu à Ball e pesquisadores colaboradores desenvolver pesquisas *com* e *sobre os professores*, tendo a Matemática como foco.

Por conta das pesquisas que Ball e colaboradores realizaram, eles propuseram 5 (cinco) novas categorias de conhecimento:

- *Conhecimento comum do conteúdo* - um conhecimento que não é prerrogativa apenas do professor, mas é comum a todos que exercem seu trabalho desempenhando funções que se utilizam de conhecimentos matemáticos;
- *Conhecimento especializado do conteúdo* - que pode ser definido como o conhecimento do conteúdo para o desenrolar do trabalho docente;
- *Conhecimento horizontal do conteúdo* - descreve a maneira como os temas de Matemática têm relação entre si, seja no seio da disciplina Matemática ou não, ampliando a base de conhecimentos especializados. Para tal, é preciso que o professor ou aquele que se utiliza da Matemática conheça as possíveis conexões e articulações que existem entre os conteúdos. No tocante à prática docente do professor de matemática, esse conhecimento é imprescindível para o seu trabalho, uma vez que o ajuda a definir maneiras de abordá-los e as formas de representar ideias matemáticas que sejam úteis em um estudo aprofundado de conteúdos que serão introduzidos com os seus alunos;
- *Conhecimento de conteúdo e de alunos* - que consiste em o professor dominar habilidades para lidar com os saberes que os alunos têm e o saber intrínseco da Matemática;
- *Conhecimento de conteúdo e de ensino* – as questões relativas a este domínio devem evidenciar o diálogo que precisa ser travado entre o saber sobre o ensino e o saber matemático.

Tomando por referência as categorias de conhecimentos propostas por Shulman, Ball e seus colaboradores, é mister considerar o compartilhamento do pressuposto de que os processos formativos de professores deveriam discutir métodos e processos que promovam uma efetiva aprendizagem acerca dos objetos que constituem determinada área do conhecimento e promover reflexões e discussões sobre as crenças e as concepções que os professores de determinada disciplina têm a respeito do ensino (SHULMAN, 1986, 1987; BALL, THAMES & PHELPS, 2008).

Ainda mais: considerar que tanto a formação continuada de professores quanto o desenvolvimento profissional, com cursos formais ou por meio de projetos, precisam de espaço para a discussão de aspectos relacionados ao conteúdo da disciplina que o professor leciona, de maneira que eles sejam, inclusive, (re) significados.

Ainda mais: considerar que a prática de (re) significar conteúdos não se configura numa contradição ao que foi pressuposto acima. Pelo contrário, reforça-o e dá sustentação para que haja também esse espaço para fomentar e configurar essa prática.

Assim, em relação a ensinar Matemática para professores que ensinam Matemática, trata-se de aprender a ensiná-la.

E, para que isso ocorra é importante que o professor domine o conteúdo que vai ensinar e disponha de diversificadas estratégias para promover esse ensino aos alunos e com eles.

"É ensinando matemática que ensino também como aprender e como ensinar, como exercer a curiosidade epistemológica indispensável à produção do conhecimento" (FREIRE, 2013, p.122).

Mas, não basta saber os conteúdos para a formação de um professor, numa perspectiva progressista.

Segundo Freire (2013), é preciso ética para ensinar, pontuando que

> Assim como não posso ser professor sem me achar capacitado para ensinar certo e bem os conteúdos de minha disciplina, não posso, por outro lado, reduzir minha prática docente ao puro ensino daqueles conteúdos. Esse é um momento apenas de minha atividade pedagógica. Tão importante quanto ele, o ensino dos conteúdos, é o meu testemunho ético ao ensiná-los. É a decência com que o faço. É a preparação científica revelada sem arrogância, pelo contrário, com humildade (FREIRE, 2013, p. 101).

Freire (2013) refere-se à formação como um fazer permanente que se refaz constantemente na ação, pois ela não se dá pelo acúmulo de conhecimentos:

"Saber que ensinar não é transferir conhecimento, mas criar as possibilidades para a sua própria produção ou a sua construção" (FREIRE, 2013, p. 47) e "embora diferentes entre si, quem forma se forma e reforma ao formar e quem é formado forma-se e forma ao ser formado" (FREIRE, 2013, p.25).

1.2 Conhecimentos curriculares do conteúdo Probabilidade

O ensino de probabilidade nos Anos Iniciais do Ensino Fundamental ainda é recente nas escolas brasileiras, notadamente a partir da elaboração e divulgação da Base Nacional Comum Curricular (BNCC).

Com o propósito de favorecer os alunos dos anos iniciais do ensino fundamental com respeito à apropriação e a compreensão de fenômenos aleatórios, no mundo em que vivemos, será preciso preparar os professores deste segmento de ensino para esta empreitada.

Ou seja, será preciso prepará-los para que abordem esse conteúdo segundo estratégias didáticas que auxiliem os alunos a ampliar os conhecimentos e concepções acerca da temática.

Tomando por base as habilidades presentes na BNCC, será preciso que os professores em exercício docente participem de *lives*, cursos *on line* e/ou presenciais e amplos debates que visem ampliar o conhecimento, exploração e discussão acerca da importância do pensamento probabilístico para a formação dos estudantes da Educação Básica, desde os primeiros anos do Ensino Fundamental.

Tais iniciativas, por parte dos professores que atuam, principalmente, nos anos iniciais, oportunizam a ampliação de conhecimentos que favorecem a análise e o planejamento de ações didáticas para serem desenvolvidas em sala de aula com base nas habilidades previstas pela BNCC e/ou nos livros didáticos.

Ademais, espera-se que iniciativas como essas também tenham lugar no seio dos cursos de formação inicial de professores: Licenciatura em Pedagogia e Licenciatura em Matemática e em formações continuadas de professores, promovendo cursos que visem propor discussões e reflexões a respeito do ensino e a aprendizagem de probabilidade considerando as sugestões presentes na BNCC e nos currículos das Secretarias Estaduais e Municipais de Educação, Brasil afora.

Em prosseguimento, apresentamos as habilidades presentes na BNCC acerca do ensino e a aprendizagem de probabilidade na Educação Básica:

1º Ano do Ensino Fundamental

Segundo a Base Nacional Curricular Comum – BNCC, para o 1º Ano do Ensino Fundamental o *Objeto de conhecimentos* é a "*Noção de acaso*", e a habilidade requerida é a seguinte:

(EF01MA20) Classificar eventos envolvendo o acaso, tais como "acontecerá com certeza", "talvez aconteça" e "é impossível acontecer", em situações do cotidiano.

Para atender a habilidade acima, o professor deve promover atividades que tenham os seguintes objetivos:

- Diferenciar os fenômenos aleatórios dos determinísticos;
- Desenvolver a noção de aleatoriedade.

2º Ano do Ensino Fundamental

Segundo a Base Nacional Curricular Comum – BNCC, para o 2º Ano do Ensino Fundamental o *Objeto de conhecimentos* é a "Análise da ideia de aleatório em situações do cotidiano", e a habilidade requerida é a seguinte:

(EF02MA21) Classificar resultados de eventos cotidianos aleatórios como "pouco prováveis, "muito prováveis", "improváveis" e "impossíveis".

3º Ano do Ensino Fundamental

Segundo a Base Nacional Curricular Comum – BNCC, para o 3º Ano do Ensino Fundamental o *Objeto de conhecimentos* é a "Análise da ideia de acaso em situações do cotidiano: espaço amostral", e a habilidade requerida é a seguinte:

(EF03MA25) Identificar, em eventos familiares aleatórios, todos os resultados possíveis, estimando os que têm maiores ou menores chances de ocorrência".

4º Ano do Ensino Fundamental

Segundo a Base Nacional Curricular Comum – BNCC, para o 4º Ano do Ensino Fundamental o *Objeto de conhecimentos* é a "*Análise de chances de eventos aleatórios*", e a habilidade requerida é a seguinte:

(EF04MA26) Identificar, entre eventos aleatórios cotidianos, aqueles que têm maior chance de ocorrência, reconhecendo características de resultados mais prováveis, sem utilizar frações.

5º Ano do Ensino Fundamental

Segundo a Base Nacional Curricular Comum – BNCC, para o 5º Ano do Ensino Fundamental o *Objeto de conhecimentos* é o "Espaço amostral: análise de chances de eventos aleatórios", e a habilidade requerida é a seguinte:

(EF05MA22) Apresentar todos os possíveis resultados de um experimento aleatório, estimando se esses resultados são igualmente prováveis ou não.

Para atender as habilidades acima, o professor deve promover atividades que tenham os seguintes objetivos:

- Apropriar-se da linguagem da probabilidade (possível, impossível, certo, improvável, provável, eventos, chance, probabilidade, possibilidades, diagrama de árvore, árvore de probabilidades, espaço amostral, aleatório);
- Compreender a natureza e as consequências da aleatoriedade em situações cotidianas;
- Adotar a problematização como percurso metodológico, sempre que possível, para o desenvolvimento pensamento e da aprendizagem probabilística.

Segundo a Base Nacional Curricular Comum – BNCC, para o 5º Ano do Ensino Fundamental o *Objeto de conhecimentos* é o "Cálculo de probabilidade de eventos equiprováveis", e a habilidade requerida é a seguinte:

(EF05MA23) Determinar a probabilidade de ocorrência de um resultado em eventos aleatórios, quando todos os resultados possíveis têm a mesma chance de ocorrer (equiprováveis).

6º Ano do Ensino Fundamental

Segundo a Base Nacional Curricular Comum – BNCC, para o 6º Ano do Ensino Fundamental o *Objeto de conhecimentos* é o "Cálculo de probabilidade como a razão entre o número de resultados favoráveis e o total de resultados possíveis em um espaço amostral equiprovável. Cálculo de probabilidade por meio de muitas repetições de um experimento (frequências de ocorrências e probabilidade frequentista)", e a habilidade requerida é a seguinte:

(EF06MA30) Calcular a probabilidade de um evento aleatório, expressando-a por número racional (forma fracionária, decimal e percentual) e comparar esse número com a probabilidade obtida por meio de experimentos sucessivos.

Para atender as habilidades acima, o professor deve promover atividades que tenham os seguintes objetivos:

- Relacionar a quantificação de probabilidades à razão entre os casos favoráveis e os casos possíveis (visão clássica da probabilidade);
- Estabelecer relação entre as diversas formas de representação e comunicação de probabilidades em um dado experimento aleatório;
- Reconhecer a importância da proporcionalidade nas situações que exigem a quantificação ou comparação de probabilidades;
- Promover discussões e refletir sobre o uso cotidiano de situações que exigem a compreensão de elementos probabilísticos para comunicar resultados;
- Relacionar os estudos e pesquisas à proposta apresentada na BNCC relativamente ao ensino e a aprendizagem de probabilidade nos anos iniciais.

7º Ano do Ensino Fundamental

Segundo a Base Nacional Curricular Comum – BNCC, para o 7º Ano do Ensino Fundamental o *Objeto de conhecimentos* são os "Experimentos aleatórios: espaço amostral e estimativa de probabilidade por meio de frequência de ocorrências", e a habilidade requerida é a seguinte:

(EF07MA34) Planejar e realizar experimentos aleatórios ou simulações que envolvem cálculo de probabilidades ou estimativas por meio de frequência de ocorrências.

8º Ano do Ensino Fundamental

Segundo a Base Nacional Curricular Comum – BNCC, para o 8º Ano do Ensino Fundamental o *Objeto de conhecimentos* é o "Princípio multiplicativo da contagem. Soma das probabilidades de todos os elementos de um espaço amostral", e a habilidade requerida é a seguinte:

(EF08MA22) Calcular a probabilidade de eventos, com base na construção do espaço amostral, utilizando o princípio multiplicativo, e reconhecer que a soma das probabilidades de todos os elementos do espaço amostral é igual a 1.

9º Ano do Ensino Fundamental

Segundo a Base Nacional Curricular Comum – BNCC, para o 9º Ano do Ensino Fundamental o *Objeto de conhecimentos* é a "Análise de probabilidade de eventos aleatórios: eventos dependentes e independentes", e a habilidade requerida é a seguinte:

(EF09MA20) Reconhecer, em experimentos aleatórios, eventos independentes e dependentes e calcular a probabilidade de sua ocorrência, nos dois casos.

Para atender as habilidades acima o professor deve promover atividades que tenham os seguintes objetivos:

- Promover discussões e refletir sobre o uso cotidiano de situações que exigem a compreensão de elementos probabilísticos para comunicar resultados;
- Relacionar os estudos e pesquisas à proposta apresentada na BNCC relativamente ao ensino e a aprendizagem de probabilidade nos anos iniciais.

Recomendamos que sejam criados grupos colaborativos nas escolas/colégios com o propósito de refletir, discutir e explicitar acerca das principais características da BNCC e os seus fundamentos, relativamente às sugestões para o ensino e a aprendizagem de probabilidade, além de evidenciar os seus efeitos nas diversas instâncias educacionais.

Ademais, necessário se faz não distanciar-se do foco que alicerça o conteúdo que precisa ser apresentado e desenvolvido, com especial atenção à base de matemática, as suas inovações e os desafios para/com o trabalho do professor em sala de aula.

Em prosseguimento, apresentamos algumas questões nesse sentido.

1.3 Conhecimentos do conteúdo Probabilidade

1.3.1 Preliminares acerca do conceito de função de probabilidade

Os conceitos iniciais acerca do conteúdo probabilidade dão conta de que é preciso definir o que vem a ser fenômeno e o que entendemos ser um modelo matemático para este fenômeno, mesmo que intuitivamente, levando em conta que não exercemos - e nem poderia ser assim - qualquer tipo de influência sobre o que está em observação.

É habitual na Matemática que se construa um modelo matemático, logo de início, toda vez que se faz uso da Matemática para estudar certos fenômenos em observação com o propósito de simplificar algumas análises, e retirar delas questões consideradas a priori como pouco relevantes, desprezando-as.

Assim, um modelo será considerado tão bem adequado ao fenômeno em observação quanto tais questões consideradas desprezíveis sejam de fato ou não sem importância em relação à elucidação do fenômeno em si.

Além do mais, ao se estabelecer um modelo matemático fazem-se hipóteses básicas que precisam ser confirmadas pelo modelo. E embora a resolução do modelo esteja correta do ponto de vista da Matemática, pode ocorrer discordância entre os resultados obtidos pelo modelo e os resultados que foram observados, o que torna a escolha do modelo uma tarefa nem sempre fácil, bem sucedida apenas quando deduzimos alguns dados de observação (consequências do modelo adotado) e verificamos, em seguida, se estes resultados previstos com observação são confirmados pelo modelo matemático escolhido.

Assim, fenômenos de observação e modelos apropriados a eles devem guardar certa consonância no momento da escolha do modelo que melhor se adapte à observação do fenômeno.

Segundo Meyer (1977), os modelos podem ser de 2 (dois) tipos:

- *Modelos determinísticos* (modelo que estipula que as condições (*considerações físicas*) sob as quais o experimento seja executado determinem o resultado do experimento, isto é, para prever o resultado. Em um modelo deste tipo, admite-se que o resultado efetivo (numérico ou de outra espécie) seja determinado pelas condições sob as quais o experimento ou o procedimento seja executado) ou
- *Modelos não determinísticos ou probabilísticos ou estocásticos* (as condições da experimentação determinam somente o comportamento probabilístico (mais especificamente, uma lei probabilística, uma distribuição de probabilidade, uma função de probabilidade) do resultado observável).

Quando estamos tratando de um modelo não determinístico para um experimento, nos referimos a experimentos não determinísticos ou aleatórios. De modo a descrever um experimento é preciso especificar a operação ou procedimento que deve ser realizado, mas não apenas isso. Também é preciso especificar o que deve ser observado no experimento

Para cada experimento E definimos o Espaço Amostral como o conjunto de todos os resultados possíveis de E. Representamos esse conjunto por Ω (o conjunto de todos os elementos que estejam sendo estudados). Um evento E_k (relativo a um particular espaço amostral Ω, associado a um experimento E) é um conjunto cujos elementos são resultados possíveis do experimento. Assim, evento é qualquer subconjunto de um espaço amostral Ω. Por conta disso, é imediato considerar-se que Ω também é um evento (chamado evento certo) e o conjunto vazio Ø também é um evento (chamado evento impossível).

Alguns exemplos:

E: Jogue um dado de 6 (seis) faces ao chão e verifique o número mostrado na face voltada para cima.

Ω: {1, 2, 3, 4, 5, 6}

E_1: Um número par ocorre, isto é, E_1 = {2, 4, 6}.

E_2: Um número maior que 4 ocorre, isto é, E_2 = {5, 6}.

E: Jogue uma moeda 4 (quatro) vezes ao chão e determine o número de caras obtido após a visualização de cada face voltada para cima, ao final das quatro observações. Para este experimento aleatório, pode não ocorrer cara, após as quatro observações. No máximo, podem ocorrer quatro observações cara.

Assim, o espaço amostral para este experimento aleatório é:

Ω: {0, 1, 2, 3, 4}

E_1: {3}, isto é, após a moeda ter sido lançada por 4 vezes ao chão em três delas ocorreram faces cara voltadas para cima, e em uma delas ocorreu face coroa.

E2: {0}, isto é, a sequência de quatro visualizações das faces voltadas para cima apresentou a face coroa para cada uma, dentre todas as quatro faces que foram mostradas.

E_3 = {um número maior que 4}, isto é, E_3 = {}, evento impossível ocorrer.

E_4 = {0}, isto é, a sequência apresentou todas as faces mostrando face coroa voltada para cima.

E: Jogue uma moeda 4(quatro) vezes ao chão e observe a sequência de faces cara e coroa voltadas para cima obtidas em cada sequência.

Ω: {todas as sequências possíveis são da forma x_1, x_2, x_3, x_4}, onde cada xi = cara ou coroa, conforme apareça cara ou coroa na i-ésima jogada.

E_1: {cara-cara-cara-cara, cara-cara-cara-coroa, cara-cara-coroa-cara, cara-coroa-cara-cara, coroa-cara-cara}. Isto é, neste evento ocorreram faces cara em quantidade maior que ocorreram faces coroa, em cada uma das quatro possibilidades de uma sequência.

Pense a respeito:

Considere E: Jogue uma moeda 4 (quatro) vezes ao chão e determine o número de caras obtido após a visualização de cada face voltada para cima, ao final das quatro observações, e o experimento E: Jogue 4 (quatro) moedas distintas ao chão e determine o número de caras obtido após a visualização da face voltada para cima, de cada uma das quatro moedas. Esses dois experimentos aleatórios são idênticos?

Tal como se pode considerar na Teoria dos Conjuntos, - e como se sabe, eventos são conjuntos - é possível "combinar" conjuntos, de modo a obter novos conjuntos (por exemplo, podemos combinar eventos simples: conjuntos unitários entre si de modo a obter eventos compostos, formados pela união de eventos simples, ou se pode combinar eventos compostos entre si, formando um evento composto).

Assim: Se E e F são eventos, E ∪ F será o evento que ocorrerá se e somente se E ou F (ou ambos) ocorrerem; Se E e F são eventos, E ∩ F será o evento que ocorrerá se e somente se E ou F (ou ambos) ocorrerem; Se E for um evento, o conjunto complementar de E (C_E = Ω - E) em relação ao espaço amostral Ω será um evento, que ocorrerá se e somente se não ocorrer o evento E.

2 (dois) eventos E e F são ditos mutuamente excludentes se eles não puderem ocorrer juntos, isto é, se a interseção entre ambos é o conjunto vazio, $E \cap F = \emptyset$.

Eis as características de um experimento aleatório, considerando Meyer (1977):

(a) Cada experimento poderá ser repetido muitas vezes, isto é, indefinidamente, sob condições essencialmente inalteradas;

(b) Embora não sejamos capazes de afirmar qual resultado ocorrerá, somos capazes de descrever o conjunto de todos os possíveis resultados do experimento, isto é, estabelecer o espaço amostral;

(c) Quando um experimento for executado repetidamente, os resultados individuais parecerão ocorrer de uma forma acidental, ao acaso. Contudo, quando o experimento for repetido um grande número de vezes, uma configuração definida ou regularidade irá surgir. É esta regularidade que torna possível construir um modelo matemático preciso, com o qual se analisará o experimento.

Quando o experimento for repetidamente realizado, ele deverá apresentar a regularidade estatística a seguir: se um experimento E for repetido por muitas vezes, isto é, o número de repetições de um experimento for aumentando à medida que o número de repetições aumentar, a frequência relativa de um evento E_i associado a E (quociente entre o número de vezes em que o evento E_i ocorre e o número de vezes em que o experimento é repetido) baseada neste número crescente de repetições tende a se "estabilizar" próxima de algum valor numérico definido. É fato que esta é uma noção inteiramente intuitiva, mas que se tornará matematicamente correta quando o Teorema a seguir for provado.

Assim, se um experimento for executado um grande número de vezes, a frequência relativa da ocorrência de algum evento E_i tenderá a variar cada vez menos à medida que o número de repetições vai sendo aumentado. Esta característica é conhecida como "regularidade estatística".

Sobre essa questão, pedimos ao leitor que leia o que refere o Teorema denominado "Lei dos Grandes Números", o qual mostra-nos que a regularidade estatística é de fato uma consequência da condição de reprodutibilidade.

Para cada evento E_i é possível atribuir um número que avalia o quão verossímil é a ocorrência de E_i quando o experimento for realizado. Este número é a frequência relativa que indicamos acima sem contudo recorrermos à experimentação.

Faremos assim, para definir:

Seja E um experimento. Seja Ω um espaço amostral associado a E. A cada evento E_i associaremos um número real representado por $p(E_i)$, denominado probabilidade de E_i , que satisfaz às seguintes propriedades:

(a) $0 \leq p(E_i) \leq 1$;

(b) $p(\Omega) = 1$;

(c) Se E_i e E_k são dois eventos mutuamente excludentes, $p(E_i \cup E_k) = p(E_i) + p(E_k)$;

(d) Se $E_1, E_2, ..., E_n, ...$ são, dois a dois, mutuamente excludentes, então, $p(E_1 \cup E_2 \cup ..., \cup E_n \cup ...) = p(E_1) + p(E_2) + ... + p(E_n) + ...$

Da propriedade (c), decorre de imediato que para qualquer n finito, $p\left(\cup_{i=1}^{n} Ai\right) = \sum_{i=1}^{n} p(Ai)$ = ; se E_i e E_k são dois eventos quaisquer, $p(E_i \cup E_k) = p(E_i) + p(E_k) - p(E_i \cap E_k)$; se E_i, E_j e E_k são três eventos quaisquer, $p(E_i \cup E_j \cup E_k) = p(E_i) + p(E_j) + p(E_k) - p(E_i \cap E_j) - p(E_i \cap E_k) - p(E_j \cap E_k) + p(E_i \cap E_j \cap E_k)$.

É importante e necessário que o leitor reflita acerca do fato de termos postulado que o número $p(E_i)$ existe e que, a partir daí, tenhamos igualmente postulado que este número atende às quatro propriedades que caracterizam a probabilidade de eventos e do espaço amostral, listadas acima. Ademais, será preciso que o leitor reflita que de modo algum os teoremas que decorrem da definição dependem da maneira pelo qual se vai obter um valor numérico para $p(E_i)$.

A escolha das propriedades acima foi feita em consonância com as características da frequência relativa. E, em um contexto mais amplo, a definição de probabilidade, como feito acima, está vinculada à regularidade estatística, como mencionado.

Fato é que se pode mostrar que os números $p(E_i)$ e f_{Ei} (frequência relativa de E_i) são números bastante "próximos" um do outro (que fique claro que eles não são a mesma coisa, mas que apenas utilizamos a f_{Ei} para aproximar $p(E_i)$ e que sempre que se refere a $p(E_i)$ se está referindo ao valor postulado, o qual ainda saberemos mais adiante como calcular) se f_{Ei} for baseado em um grande número de repetições - razão porque utilizamos essas ideias para justificar a utilização de $p(E_i)$, como acima, para avaliar o quão verossímil (usa-se, também, provável)é a ocorrência da frequência f_{Ei} de E_i.

Quando dizemos que os números $p(E_i)$ e f_{Ei} (frequência relativa de E_i) são números bastante "próximos" um do outro, e identificamos f_{Ei} com $p(E_i)$, é importante compreender que tão somente estamos substituindo um valor postulado (o valor $p(E_i)$) por uma aproximação f_{Ei}, obtida experimentalmente.

Além do mais, de modo algum há influência para a lógica do modelo utilizado se esta aproximação é "bastante boa", "boa" ou "não muito boa".

Também se faz importante chamar atenção para o fato de que embora, de início, tenhamos levado em conta o fenômeno em estudo para a escolha do modelo, à medida que o tomamos, o construímos e o levamos em conta para atribuir o valor de $p(E_i)$ - e nos distanciamos, cada vez mais, ao menos a princípio, do fenômeno em si -, pois será preciso levá-lo em conta para confirmar as hipóteses feitas.

Concluindo essas breves considerações, chamamos a atenção do leitor que nos currículos da Matemática para o ensino básico, o ensino da probabilidade leva em conta os experimentos para os quais o espaço amostral seja formado por um número finito de elementos.

Assim, para caracterizar $p(E_i)$ para este modelo será preciso considerar o evento formado por um resultado simples (o evento simples ou elementar), que é representado como $p(E_i) = E_i = \{a_i\}$.

Portanto, a cada evento simples $\{a_i\}$ associamos um número p_i, que denominamos probabilidade de $\{a_i\}$, e que satisfaz às seguintes condições:

(1) $p_i \geq 0$, $i = 1, 2, ..., k$;

(2) $p_1 + p_2 + ... + p_k = 1$.

Uma vez que $\{a_i\}$ é um evento simples, as duas condições acima estão em consonância com as propriedades que foram postuladas antes para as probabilidades de eventos em geral.

Se um evento A é constituído por m resultados, $1 \leq m \leq k$, isto é: $A = \{a_{j1}, a_{j2}, ..., a_{jm}\}$, onde $j_1, j_2, ..., j_m$, representam um qualquer dos m índices, de 1 até k, da propriedade (d), anterior, conclui-se que $p(A) = p_{j1} + pj_2 + ... + pj_m$.

A hipótese mais comumente utilizada nos textos para espaços amostrais finitos dá conta de que todos os resultados sejam igualmente prováveis. Mas atenção: existem experimentos para os quais tal hipótese não é assegurada, e outras situações experimentais nas quais é errado aceitar tal suposição.

Finalizando:

Se todos os k resultados forem igualmente prováveis, segue-se que cada probabilidade será igual a $p_i = \frac{1}{k}$. Como consequência, a condição $p_1 + p_2 + \ldots + p_k = 1$ torna-se k. $p_i = 1$, para todo i.

Daí decorre que, para qualquer evento A, firmado de m resultados, tem-se que $p(A) = \frac{m}{k}$.

Este modo de avaliar p(A) é frequentemente enunciado da seguinte maneira:

$$p(A) = \frac{\textit{número de casos favoráveis a A pelos quais o experimento E pode ocorrer}}{\textit{número total de casos pelos quais E pode ocorrer}}$$

Importante deixar claro que é preciso levar em conta que a expressão de p(A), como mostrado anteriormente, é consequência da hipótese de que todos os resultados sejam igualmente prováveis.

Ou seja, a expressão acima é aplicável apenas quando essa suposição for atendida.

Portanto, ela não serve como uma definição geral de probabilidade.

1.3.2 A literacia probabilística

As pessoas são "bombardeadas", todos os dias, com diversas informações mundo afora, muitas dessas informações contendo um viés associado com o *pensamento probabilístico.*

Por conta disso, tanto a educação quanto a *literacia probabilística,* revestem-se de fundamental importância serem ensinadas para todos os cidadãos de modo que eles compreendam melhor, e com propriedade, diversas questões que estão presentes em nosso mundo de hoje, globalizado, cibernético e competitivo.

E mais ainda, nos dias de hoje, por conta da rápida propagação da Inteligência Artificial.

Os conceitos probabilísticos precisam ser ensinadas aos alunos, jovens e adultos, não somente na escola.

Torna-se imprescindível, portanto, que a escola não se omita nesta empreitada - necessária e essencial que ela o é. Ainda mais, por conta de o senso comum "pregar fortemente a ideia" de que "é de pequeno que se aprende ...".

Entendemos que a escola tem o dever de proporcionar condições favoráveis para que as crianças, jovens e adultos desenvolvam competências de reflexão e análise crítica em relação às diferentes informações que leem, ouvem, veem, falam ou escrevem - tanto na escola, desde os anos iniciais de escolaridade, quanto fora dela.

Por conta disso, um amplo estudo acerca dos conceitos próprios às temáticas probabilidade, estatística e análise combinatória não pode, no mínimo, deixar de contemplar objetivos relacionados com propostas para a formação continuada de professores em atuação no ensino básico, tais como os objetivos listados a seguir:

- Torna-se imprescindível que estudos de estatística, análise combinatória e probabilidade sejam ofertados aos professores da educação básica, de modo que, em assim sendo, contribuam para o desenvolvimento profissional docente;
- É preciso tornar visível a atualidade e consequente importância de se ensinar e proporcionar a aprendizagem de conceitos básicos da estatística, por meio de ações que estão presentes na Educação

Estatística;

- Também, em relação ao ensino de conceitos de probabilidade e de análise combinatória entre os professores da escola básica. Não apenas em encontros e/ou jornadas, como também em relação ao acesso a trabalhos científicos;
- É importante que se faça uma ampla divulgação dos resultados de estudos e de pesquisas que tenham sido realizados no âmbito da educação e do ensino de estatística, análise combinatória e probabilidade;
- É fundamental disseminar os resultados de trabalhos de pesquisa que visam aprofundar a compreensão de conteúdos próprios ao ensino e a aprendizagem de estatística, análise combinatória e probabilidade, discutindo situações didáticas com/entre os professores, de modo que eles possam estar mais bem preparados para o trabalho docente no tocante a essas questões.

Segundo a Base Nacional Comum Curricular (BNCC), o pensamento probabilístico pode ser mobilizado desde os anos iniciais da escolaridade básica, embora o conhecimento acerca dos conceitos se dêem mais adiante e por mais tempo em função de os aspectos construtivos serem mais complexos e bem elaborados, o que requer maturidade e outros conhecimentos, os quais serão desenvolvidos em anos escolares seguintes pelos estudantes.

No tocante ao desenvolvimento do raciocínio probabilístico na escola básica, é preciso incentivar a disseminação de situações de ensino acessíveis ao desenvolvimento cognitivo das crianças da Educação Infantil - em cada momento propício de ensino e aprendizagem -, se estendendo pelos demais anos iniciais do ensino fundamental.

Com a proposição de situações simples presentes em jogos de probabilidade - como os jogos que são apresentados neste livro, por exemplo -, é possível ir estimulando aos poucos o desenvolvimento de modos de pensar que se aproximam do pensar probabilístico.

Pesquisas e estudos têm mostrado não ser difícil para as crianças compreenderem que não é possível prever o resultado mostrado na face de uma moeda voltada para cima, quando ela é jogada ao chão. Nesse caso, dizemos que o resultado da observação é imprevisível. Tal situação de imprevisibilidade decorre do fato de o experimento "jogar uma moeda ao chão e observar a face voltada para cima" ser considerado um experimento aleatório, isto é, um experimento ao qual não é possível que se faça qualquer previsão em relação ao resultado que será obtido antes que a moeda esteja totalmente assente no chão, ou seja, antes que a ação proposta se concretize.

São muitas as situações aleatórias presentes em nosso cotidiano que podem ser exploradas com os alunos na escola. Assim, tanto a imprevisibilidade quanto a incerteza caminham lado a lado com os experimentos aleatórios.

Por outro lado, quando o resultado de um experimento é previsível, isto é, se sabe de antemão o que vai ocorrer após a ação se diz tratar-se de uma situação determinística. Esses experimentos, estão igualmente presentes em nosso dia a dia com bastante frequência. Por exemplo, é fácil compreender que uma pessoa vai ficar molhada se uma mangueira de água for direcionada em sua direção quando a torneira for aberta, e há água disponível com suficiente pressão. Ou seja, quando não há dúvidas e incertezas quanto o que vai ocorrer se diz que se tratar de um fenômeno ou uma situação determinística.

Para tal, em um primeiro momento é preciso incentivar a criação e a estruturação de recursos materiais adequados que estimulem o desenvolvimento do raciocínio probabilístico. Em uma visão ampliada, será preciso que se favoreça o pleno desenvolvimento com novas e diversificadas formas de pensar a Matemática.

Sendo assim, é preciso que se considere como relevante o fato de o ensino e a aprendizagem da Matemática prescindir do desenvolvimento de modos diferenciados de raciocinar conforme seja a mobilização de cada um deles: o pensar algébrico, o pensar geométrico, o pensar probabilístico, o pensar combinatório, o pensar estatístico etc.

Entendemos que o foco do trabalho docente do professor não pode estar voltado à subliminar obrigatoriedade impositiva de ter de trabalhar os conteúdos específicos da Matemática de modo tecnicista (mecanizado, massificado) tal qual muitos professores têm vivenciado e se sujeitado e que, nos dias de hoje, ainda se identifica e está presente com alguma frequência pelo Brasil afora, com resquícios que advém de um ensino tradicional tal qual era desenvolvido no início do século XIX.

Tais situações ocorrem principalmente quando o livro didático é o único instrumento utilizado pelo professor em sala de aula, como tem sido visto em muitas realidades escolares por conta de algumas situações adversas que ainda estão presentes no cotidiano escolar.

Também consideramos que os hábitos, atitudes, crenças e concepções acerca do ensino e da aprendizagem da matemática, que os professores têm levado para o seu cotidiano escolar da sala de aula, se devem às dificuldades de entendimento da própria Matemática e o desconhecimento em relação à existência e a utilização de metodologias de ensino e de aprendizagem, e de novas tecnologias.

Podemos dizer que elas decorrem, inicialmente, das experiências negativas que esses professores tiveram, as quais possivelmente tenham sido marcadas por um processo de escolarização do seu próprio aprendizado, tanto no ensino médio quanto ao longo da formação inicial. Entendemos tratar-se de uma prática que revela uma concepção segundo a qual o professor/instrutor acredita que é possível que um aluno/sujeito aprenda Matemática por meio de um processo de transmissão do conhecimento, e em seguida o fazer exercícios de aplicação que nada mais representa que uma repetição segundo um modelo de solução tal qual foi apresentado. Uma prática formativa tal qual o processo que eles agora reproduzem: um ensino mecanizado, que se baseia, via de regra, em fazer tal e qual em relação às regras e os procedimentos de resolução de exercícios.

Essa prática de ensino está muito distante de valorizar o espírito de investigação, problematização, comunicação, reflexão e discussão que se preconiza nos dias de hoje, a qual deve ser materializada quando posta em prática no coletivo de uma sala de aula ou fora dela. Entendemos que a prática deve ser pautada na ação e na reflexão acerca do mundo de forma problematizadora, segundo as necessidades e as possibilidades dos estudantes e não em um ensino calcado em técnicas mecanizadas,

É preciso estimular os professores da escola básica ao salutar hábito de desenvolverem diferenciados olhares no que diz respeito ao ensino, a aprendizagem e a avaliação na (da) Matemática.

Infelizmente ainda se constata, em alguns casos, segundo resultado de pesquisa do autor, que ainda há professores que seguem ao longo de suas trajetórias docentes com acentuados resquícios que decorrem do processo de escolarização que tiveram antes de se tornarem professores.

Entre tais olhares está o de o professor não considerar importante desenvolver competências entre os alunos em relação aos modos variados de raciocinar, como uma forma de estimular a ampliação conceitual e a apropriação do conhecimento, tendo em vista a necessidade de contribuir para a melhoria do ensino escolar.

Dentre os modos variados de raciocinar, salientamos que o professor estimule o desenvolvimento dos raciocínios probabilístico, estatístico e combinatório, de modo integrado. Mas, que não faça isso em detrimento dos demais raciocínios matemáticos, tais como o geométrico, o numérico e o algébrico, por exemplo.

É importante salientar que com a BNCC, dentre as unidades temáticas que o professor terá de ensinar, a partir de então, estão as de estatística e de probabilidade (incluindo combinatória), consideradas unidades de ensino que são fundamentais ao processo de aprendizagem matemática dos alunos, na perspectiva de contribuir para que tenhamos cidadãos mais bem formados, criativos e independentes. E, que tal ensino, já ocorra desde os anos iniciais do ensino fundamental. As demais unidades temáticas, também consideradas fundamentais, são: Números, Operações, Grandezas, Medidas, Espaço, Forma e Álgebra.

Segundo Bryant, P. e Nunes, T. (2012), para o entendimento da probabilidade é preciso que um aluno não prescinde de apropriar-se das competências listadas a seguir - sem a dispensa de nenhuma delas - como condições necessárias para caracterizar, desenvolver e mobilizar o pensamento probabilístico:

- Compreender a natureza e as consequências do uso do conceito de aleatoriedade, no dia a dia;
- Categorizar características dos elementos presentes em um experimento aleatório, de modo que se formem os espaços amostrais;
- Estabelecer e entender correlações entre eventos em um espaço amostral, relacionando-os entre si, se for o caso;
- Quantificar e comparar probabilidades.

Portanto, se diz que há certa compreensão básica acerca do conceito probabilidade - não obstante as competências mais gerais, que foram apresentadas antes, segundo Bryant, P. e Nunes, T. (2012) - se as 7 (sete) competências que serão listadas a seguir estão bem compreendidas pelo aluno, pelo professor e o cidadão em geral.

Assim, se diz que um aluno/professor estará preparado para a plena mobilização do pensamento probabilístico, durante a resolução de problemas de probabilidade, quanto melhor as 7 (sete) competências que serão listadas a seguir sejam por ele compreendidas, no que diz respeito ao conceito de probabilidade e seus significados.

Eis as 7 (sete) competências:

- Compreender os conceitos de aleatoriedade, imprevisibilidade e incerteza, presentes em experimentos;
- Identificar as diferenças entre os conceitos e a natureza de uso de cada um deles quando presentes em experimentos aleatórios ou em experimentos determinísticos, de modo que possa compreender as consequências de significados em um e no outro;
- Identificar e categorizar os eventos simples presentes em um experimento aleatório como conjuntos unitários disjuntos entre si, e por conseguinte estabelecer o correspondente espaço amostral a partir (ou não) de um diagrama de árvore ou de uma árvore de probabilidades, por exemplo;
- Compreender a formação de eventos compostos a partir dos eventos simples (ou não), categorizando-os no universo do correspondente espaço amostral;
- Quantificar as chances de ocorrência de eventos simples ou compostos em um mesmo experimento aleatório ou não, a partir (ou não) de um diagrama de árvore ou de uma árvore de probabilidades, por exemplo;
- Comparar as chances de ocorrência de eventos simples ou compostos em um mesmo experimento aleatório ou não, a partir (ou não) de diagramas de árvore ou de árvores de probabilidades, por exemplo;
- Identificar a existência de possíveis correlações (relações) entre eventos simples, ou entre eventos

compostos, em um mesmo experimento aleatório (a partir de um diagrama de árvore ou de uma árvore de probabilidades, ou não) ou entre eventos de experimentos aleatórios diferentes (identificar possível influência ou não de um sobre o outro) e, se for o caso, relacioná-las entre si.

1.4 Conhecimentos Pedagógicos do Conteúdo Probabilidade

Ao iniciar o estudo de probabilidades nos anos iniciais do ensino fundamental, sugerimos ao professor que conheça um pouco acerca do que os seus alunos já conhecem a respeito do conceito de aleatoriedade, por meio da elaboração e a aplicação de um questionário acerca do ensino de probabilidades, como o que será apresentado em prosseguimento, por exemplo.

Os resultados que serão obtidos por meio das respostas a esse questionário, têm o propósito de orientar as ações que podem ser postas em prática pelo professor, a partir de então.

Eis o questionário:

Noções preliminares de Probabilidade - Questionário diagnóstico

1. Paulo e os colegas da sua turma vão à festa do "Dia das Crianças", que será realizada no Maracanã. A festa vai contar com a chegada de um helicóptero com alguns "Super-Heróis".
   Considerando que você também vá a essa festa, escreva ao lado de cada opção abaixo um dos números: 1, 2 ou 3, conforme você considere que
   (1) "você vai encontrar, com certeza";
   (2) "talvez você encontre";
   (3) "é impossível de encontrar".
   (a) Uma cadeira de rodas: ....;
   (b) Uma dupla de alunos dançando samba: ......;
   (c) Um vampiro: ....;
   (d) Uma cama redonda: ....;
   (e) Um astronauta: ....;
   (f) Um boneco feito de neve: ....

2. Ana jogou um dado de cor vermelho ao chão por 5 (cinco) vezes, e em todas elas, apareceu a face do dado voltada para cima mostrando "duas bolinhas". Da próxima vez que Ana jogar o dado ao chão, na face do dado voltada para cima vai aparecer a face "duas bolinhas"? ....
   Explique porque você acha isso: ....

3. Se Ana continuar jogando o dado ao chão por mais 100 (cem) vezes, é possível afirmar que na maioria das vezes a face do dado voltada para cima será a face que mostra "duas bolinhas"? ....
   Explique porque você acha isso: ....

4. Se Ana continuar jogando o dado ao chão, por muito mais vezes, é possível afirmar que haverá mais vezes em que a face do dado voltada para cima será a face que mostra "duas bolinhas" que a face do dado voltada para cima ser a face que mostra "uma bolinha"? ....
Explique porque você acha isso: ....

5. Qual a chance de aparecer a face que mostra "cinco bolinhas" na face do dado voltada para cima, da próxima vez que Ana jogar a dado ao chão? ......
Explique porque você acha isso: ....

6. Chama-se Espaço Amostral o conjunto que mostra (descreve) todas as possibilidades de ocorrência da face do dado voltada para cima, quando se joga um dado ao chão.

   Na verdade, temos um Espaço Amostral não apenas quando se joga um dado ao chão mas também quando se quer mostrar (descrever) todas as possibilidades de acontecer alguma coisa, quando se está realizando uma "atividade", "uma experiência", "uma brincadeira". Poderia, por exemplo, ser possível determinar o espaço amostral quando se faz a "experiência" de jogar ao chão dois dados, três dados, uma moeda, duas moedas, etc.

   Escreva os elementos do Espaço Amostral referente à "experiência" de registrar todas as possibilidades de ocorrência da quantidade de "bolinhas" que são mostradas nas faces voltadas para cima, de um dado "honesto", quando se joga este dado ao chão.
   EA = {...}
   Esse conjunto tem quantos elementos? ....
   Escreva os elementos do Espaço Amostral referente à "experiência" de registrar todas as possibilidades de ocorrência das faces voltadas para cima de "duas moedas não viciadas", quando se joga as duas moedas ao chão.

   EA = {...}
   Esse conjunto tem quantos elementos? ....

7. Ana jogou dois dados ao chão: um de cor vermelha e outro de cor branca, e vai fazer experimentos de observação da soma entre as quantidades de "bolinhas" mostradas nas faces dos dados voltadas para cima. Ajude Ana a responder à seguinte questão: a chance de a soma das quantidades de "bolinhas" mostradas nas faces voltadas para cima dos dois dados ser o resultado igual a 5 é maior, igual ou menor que ser o resultado igual a 6? ....
Explique porque você acha isso: ....

8. Ana jogou dois dados "honestos" ao chão: um de cor vermelha e outro e cor branca, e vai fazer experimentos de observação da soma entre as quantidades de "bolinhas" mostradas nas faces dos dados voltadas para cima. Ana também vai fazer experimentos de observação da diferença entre as quantidades de "bolinhas" mostradas nas faces dos dados voltadas para cima. Ajude Ana a responder à seguinte questão: a chance de a soma das quantidades de "bolinhas" mostradas nas faces voltadas para cima dos dois dados ser o resultado igual a 3 é maior, igual ou menor que ser o resultado igual a 3 quando se considera a diferença entre as quantidades de "bolinhas" mostradas nas faces? .....
   Explique porque você acha isso: ....

9. Ana jogou dois dados "honestos" ao chão: um de cor vermelha e outro de cor branca, e vai fazer experimentos de observação da soma entre as quantidades de "bolinhas" mostradas nas faces dos dados voltadas para cima. Ana também vai fazer experimentos de observação do produto entre as quantidades de "bolinhas" mostradas nas faces dos dados voltadas para cima. Ajude Ana a responder à seguinte questão: a chance de a soma das quantidades de "bolinhas" mostradas nas faces dos dois dados voltadas para cima ser o resultado igual a 6 é maior, igual ou menor que ser o resultado igual a 6 quando se considera o produto entre as quantidades de "bolinhas" mostradas nas faces? .....
   Explique porque você acha isso: ....

10. Em uma caixa, colocam-se duas bolas de cor vermelha e uma bola de cor preta - todas elas de mesmo tamanho e peso, mas diferentes apenas pela cor. Ao retirar duas bolas dessa caixa, você acha que há maior, menor ou igual chance de achar duas bolas de mesma cor ou de achar duas bolas de cores diferentes? .....

    Explique porque você acha isso: ....

De modo a exemplificar algumas questões que estão relacionadas com as competências que foram listadas acima quando da resolução de problemas de probabilidade, vamos propor algumas situações-problema em prosseguimento, as quais podem ser exploradas com alunos dos anos iniciais e/ou com alunos dos anos finais do ensino fundamental, em sala de aula, preferencialmente.

Situação-problema 1: Ana e João resolveram inovar, e estabeleceram um diferenciado modo de verificar quem inicia jogando no Jogo de Xadrez. Eles combinaram o seguinte: tomariam duas moedas, uma de tamanho pequeno e outra de tamanho grande, e em cada uma das faces de cada uma das duas moedas eles escreveram 0 e 1. A disputa é do tipo "par ou ímpar", após obter a soma dos valores mostrados nas faces voltadas para cima, depois que as duas moedas foram lançadas sobre uma mesa.

(a) Determine todas as possibilidades dos resultados da soma.

(b) Quantas são essas possibilidades?

(c) Quais valores de soma podem ocorrer?

(d) Há um resultado de soma que tem maior chance ser obtido que os demais valores de soma? Se sim, qual é esse valor? ... Se não, há mais que um só valor de soma que tenha maior chance ser obtido que os demais? ... Explique.

(d) Há um resultado de soma que tem menor chance ser obtido que os demais valores de soma? ... Se sim, e se há apenas um valor, qual é esse valor? ... Se sim, e se há mais que um só valor, quais são esses valores? ... Se não, há um valor que tenha chance maior de ocorrer que os demais valores de soma? .... Explique porquê. ....

(e) A chance do valor da soma ser um número par é maior, igual ou menor que a chance do valor da soma ser um número ímpar? .... Explique.

(f) Você considera ser justa essa maneira de determinar quem começa jogando o Jogo de Xadrez? .... Explique.

Situação-problema 2: Dona Maria, mãe de Eva e Bia, voltou das compras e trouxe presentes para as suas duas filhas: comprou duas blusas e duas saias. Como de costume, Dona Maria distribui os presentes das filhas segundo escolhas nas quais nenhuma das duas sabe ou vê antes todos os presentes que ela comprou e, depois, por meio de um método de escolha pessoal encaminhado por ela cada uma das filhas escolhe qual presente quer, de modo a evitar que haja uma briga entre elas.

Dona Maria utiliza o método de escolha pessoal em que cada uma das filhas decide a escolha dos presentes por meio da escrita de tirinhas de papel com os nomes dos presentes, e depois as tirinhas são colocadas em uma caixa de papelão, podendo cada uma das duas filhas recusar o que não lhe agrade, até a finalização das escolhas, dentro da possibilidade que lhe resta escolher ou não. Dona Maria escreveu e colocou na caixa as seguintes tirinhas de papel: blusa de cor amarela; blusa de cor vermelha; saia de cor branca; saia de cor laranja.

Eva é a primeira filha a fazer a escolha, a qual recai sobre a blusa de cor vermelha, e ela decide devolver a tirinha à caixa de papelão. Em seguida, Eva faz uma nova escolha, e retira a mesma tirinha: blusa de cor vermelha, devolvendo a tirinha à caixa de papelão.

(a) O que você acha que vai ocorrer da próxima vez que Eva retirar uma nova tirinha da caixa? Explique.

(b) É pouco ou muito provável que Eva retire a mesma tirinha da caixa, na terceira vez em que for fazer a escolha? Explique

(c) Após as duas retiradas de tirinha, feitas por Eva, as quais não foram boas para ela, a chance de ela escolher a cor da blusa de seu agrado é a mesma de quando ela se encontrava antes de iniciar a primeira retirada? .... Por que? Explique.

(d) Após as duas retiradas de tirinha feitas por Eva, as quais não foram boas para ela, ela tem maior chance de retirar uma tirinha com o indicativo de uma saia, ou com o indicativo de uma blusa? .... Por que? Explique.

(e) Após as duas retiradas de tirinha, feitas por Eva, ela faz a retirada de uma nova tirinha e a escolha recai, novamente, sobre a blusa de cor vermelha. Então, ela decide não devolver a tirinha à caixa de papelão, resignando-se a ficar com a blusa de cor vermelha, mas não sem antes questionar sua mãe se ela não teria se enganado e escrito todas as tirinhas com o mesmo enunciado, o que foi prontamente rebatido por Dona Maria. Nesta mesma situação, se Eva tivesse devolvido a tirinha à caixa pela terceira vez seguida, da próxima vez que ela fizesse a retirada de uma tirinha, a chance de ela retirar a mesma tirinha é maior, menor ou igual à chance de retirar uma outra tirinha? .... Por que? Explique.

(f) Agora é a vez de Bia fazer a retirada de uma tirinha da caixa. Lembre-se que Eva retirou a tirinha com o indicativo blusa de cor vermelha. A chance de Bia retirar a tirinha em que está escrito a cor da outra blusa, é maior, menor ou igual à chance de ela retirar uma tirinha em que esteja escrito a cor de uma saia? .... Por que? Explique.

(g) Agora é a vez de Bia fazer a retirada de uma tirinha da caixa. Qual a chance de Bia retirar a tirinha em que está escrito a cor de uma saia? .... Por que? Explique.

(h) Se Bia retirar uma tirinha em que está escrito a cor de uma saia, e ela gostar da escolha, o que vai acontecer em seguida? ....

Situação-problema 3: A professora Ana precisa escolher um aluno da turma para que ele converse com a Coordenadora Pedagógica a respeito dos preparativos das atividades para celebrar a Semana da Pátria, e como a turma pode contribuir. Inicialmente, a professora Ana perguntou aos alunos quem gostaria de participar, tendo recebido a resposta afirmativa de 12 alunos, sendo 5 meninas e 7 meninos. Como ela só poderia indicar um único representante da turma, resolveu fazer um sorteio, escrevendo o nome dos 12 alunos em tirinhas de papel e colocando-os em um saco plástico para fazer a escolha de uma das tirinhas do saco.

(a) Você acha que esse tipo de sorteio é justo? .... Por que você acha isso?

(b) Todos os 12 estudantes têm igual chance de ser sorteado? .... Explique.

(c) O nome de João está escrito em uma das tirinhas colocadas no saco plástico. Qual a chance de João ser escolhido? .....

(d) Joana acha que um menino tem chance maior ser escolhido que uma menina, porque os meninos são em quantidade maior que as meninas. O que você acha sobre essa questão, colocada por Joana? .... Você acha que Joana tem razão? .... Explique.

(e) Quem você acha justo ser escolhido: uma menina ou um menino? .... Por que você acha isso? ..... Explique.

Situação-problema 4: Os amigos Ana, Bia, Carla, Diva, Eva e Fabi foram selecionados para uma visita ao Museu da Ciência, mas apenas dois deles poderão ir acompanhados da Professora Léia. Para a escolha dos dois alunos, a professora Léia resolveu escrever os nomes dos seis alunos em pedaços de papel (fazendo grupamentos de dois em dois nomes) e colocá-los dentro de uma caixa de maneira a fazer o sorteio daqueles que irão com ela ao Museu.

a) De modo que todos os alunos tenham iguais chances de serem sorteados, quantos pedaços de papel deverão ser colocados dentro da caixa,para fazer o sorteio em seguida?

b) Qual a chance de Ana ser sorteada?

Situação-problema 5: Paulo está pensando em uma-situação problema e chama os seus amigos Ana, Rui, Carla e José Carlos para, juntos, pensarem a respeito. Paulo toma uma caixa e coloca dentro dela 30 bolas (todas elas, exatamente iguais em formato, peso e cor, mas numeradas de 1 a 30). Paulo quer que os seus amigos o ajudem a determinar qual deles tem maior chance de sair vencedor na seguinte disputa:

- Rui vai participar escolhendo apenas a bola de número 10.
- Carla vai participar escolhendo apenas um grupamento de dois números de bolas: {17, 24}.

- José Carlos vai participar escolhendo dois grupamentos de dois números de bolas em cada: {18, 28} e {9, 30}.
- Já o Paulo vai participar escolhendo três grupamentos de dois números de bolas em cada: {4, 15}, {6, 22} e {7, 29}.

Eles convidam Ana para ir retirando uma bola por vez da caixa, sem reposição, e pedem que ela vá anunciando o valor que está escrito na bola, para ver quem será o vencedor dessa disputa.

Mas, antes de alguma bola ser retirada da caixa os amigos discutem entre si, de modo a calcular quais as chances que cada um tem de sair vencedor. Sendo assim, Rui será vencedor se o número 10 for sorteado e Carla, José Carlos e Paulo são vencedores da disputa apenas se acertarem os dois números de um mesmo grupamento, em quaisquer momentos distintos da disputa.

Você é convidado a ajudá-los nessa tarefa.

a) Qual a chance de Rui vencer essa disputa? ....

b) Qual a chance de Carla vencer essa disputa? ....

c) Qual a chance de José Carlos vencer essa disputa? ....

d) Qual a chance de Paulo vencer essa disputa? ....

Situação-problema 6: Bia e Eva vão disputar uma partida de "ping-pong", e elas acham que a jogadora que iniciar jogando leva vantagem. Para tal, elas resolveram que a disputa seria do tipo cara ou coroa, após uma delas jogar uma moeda ao chão. Na última vez que Bia disputou uma partida de "ping-pong" ela saiu vencedora para fazer a jogada inicial ao escolher a face cara e, então, ela vai repetir essa escolha na disputa com Eva.

(a) Você acha que Bia leva vantagem em relação a Eva, ao escolher a face cara voltada para cima? .... Explique.

(b) Quantas são as possibilidades de observar o registro de uma face da moeda voltada para cima quando uma moeda é lançada ao chão? ....

(c) Quantas possibilidades de observar o registro de uma face da moeda voltada para cima podem ocorrer? ....

(d) Há possibilidade de uma face da moeda ter maior chance ser obtida que a outra face da mesma moeda? .... Se sim, qual é? .... Se não, explique.

(e) Qual a chance de Bia vencer a disputa? ....

(f) Qual a chance de Eva vencer a disputa? ....

Situação-problema 7: A escola em que Ana estuda todos os anos participa dos desfiles comemorativos da Semana da Pátria, com o desfile pelas ruas do bairro marcado para ter início às 8 horas e término por volta das 12 horas, do dia 5 de setembro. A previsão de tempo para esse dia, é de temperatura mínima de 12º C e temperatura máxima de 27º C, com a previsão do tempo para esse dia apontando a chance de 5% para chover.

(a) Responda se é pouco provável, provável, improvável ou impossível a chance de chover no momento em que Ana estiver desfilando? ....

(b) Caso ocorra chuva forte, o desfile será interrompido. Segundo essa previsão responda se é grande, pequena ou nenhuma a chance do desfile ser interrompido?

Situação-problema 8: Fernanda distribuiu todas as bolas que possuía em 3 caixas A, B e C, do seguinte modo: na caixa A ela colocou 3 bolas de cor verde, 2 bolas de cor branca e 1 bola de cor amarela; na caixa B ela colocou 4 bolas de cor verde, 5 bolas de cor branca e 3 bolas de cor amarela, e na caixa C ela colocou 6 bolas de cor verde, 4 bolas de cor branca e 2 bolas de cor amarela.

(a) Em qual caixa a chance de retirar uma bola de cor branca é maior? .... Explique.

(b) A chance de retirar uma bola de cor branca da caixa A é maior, menor ou igual que a chance de retirar uma bola de cor branca da caixa C? .... Explique.

(c) Em qual caixa a chance de retirar uma bola de cor amarela é maior? .... Explique.

(d) A chance de retirar uma bola de cor amarela da caixa A é maior, menor ou igual que a chance de retirar uma bola de cor amarela da caixa C? .... Explique.

(e) A chance de retirar uma bola de cor amarela da caixa A é maior, menor ou igual que a chance de retirar uma bola de cor branca da caixa C? .... Explique.

(f) A chance de retirar uma bola de cor verde da caixa A é maior, menor ou igual que a chance de retirar uma bola de cor branca da caixa B? .... Explique.

(g) Em qual das caixas é maior a chance de retirar uma bola de cor verde? .... Explique.

Situação-problema 9: A professora Ana trouxe algumas bolas coloridas para a sala de aula. Cada bola está pintada de uma só cor. Logo os alunos ficaram curiosos para saber o que a professora faria com todas aquelas bolas. A professora Ana colocou todas as bolas sobre a mesa, bolas de cores iguais colocadas juntas uma ao lado da outra.

A professora pegou uma caixa vazia e pediu que João colocasse as bolas de cor verde dentro da caixa, informando a todos quantas eram as bolas, e ele contou um total de 5 bolas. Em seguida, a professora chamou Eva, que recolheu um total de 3 bolas de cor vermelha e colocou-as dentro da mesma caixa.

Depois veio Bia, que recolheu um total de 2 bolas de cor marrom, colocando-as dentro da mesma caixa. Em seguida, Carlos recolheu a única bola de cor cinza, e colocou-a dentro da caixa; depois veio Fernanda, que tomou a única bola de cor roxa, colocando-a na caixa; em seguida se apresentou Guita, que tomou as 4 bolas de cor azul, colocando-as na caixa; depois veio Lia, que recolheu as bolas de cor amarela, em um total de 4 bolas, colocando-as na caixa; e, finalmente, Maria tomou as 2 bolas de cor preta e colocou-as dentro da caixa, cabendo à professora Ana colocar na caixa as 3 bolas de cor branca.

À medida que os alunos iam colocando as bolas dentro da caixa, a professora Ana fazia o registro da totalidade de bolas colocadas na caixa, por cor, segundo uma tabela.

Ao final, a professora Ana fez as seguintes perguntas aos alunos:

(a) É possível que eu retire uma bola de cor azul da caixa? .... Por que você acha isso?

(b) É possível que eu retire uma bola de cor lilás da caixa? .... Por que você acha isso?

(c) Qual cor de bola é menos provável ser escolhida? .... Explique.

(d) Qual cor de bola é mais provável ser escolhida? .... Explique.

(e) Joana acha, que uma bola de cor azul ou uma bola de cor amarela tem chance maior ser escolhida que uma bola de outra cor, porque há um total de 8 bolas pintadas com essas cores, quantidade maior que as cores das demais bolas que estão dentro da caixa. O que você acha sobre essa questão colocada por Joana? .... Você acha que Joana tem razão? .... Explique.

(f) A professora Ana retirou uma bola da caixa e colocou-a sobre a mesa. A bola retirada era de cor verde. Sem repor esta bola na caixa, ao retirar uma outra bola da caixa é mais ou menos provável que a professora Ana retire outra bola de cor verde? .... Explique.

(g) A professora Ana retirou uma bola da caixa e colocou-a sobre a mesa. A bola retirada era de cor verde. Sem repor esta bola na caixa, ela retirou uma outra bola e a cor da bola retirada também era de cor verde. Então, a professora Ana deixa as duas bolas de cor verde sobre a mesa e vai retirar uma terceira bola da caixa. Você acha que é mais ou menos provável que ela retire outra bola de cor verde da caixa? .... Explique.

(h) Construa um gráfico que apresente a distribuição de frequências das quantidades de bolas por cor. O que você observa neste gráfico? ....

Situação-problema 10: André e Paulo resolveram inovar, e estabeleceram um diferenciado modo de verificar quem inicia jogando no Jogo de Damas. Eles combinaram o seguinte: cada um esconde sua mão direita nas costas, e quando um deles anuncia "JÁ", um e outro aponta 1, 2, 3 ou 4 dedos estendidos de modo a determinar o quantitativo da soma de dedos que foram estendidos.

A disputa é do tipo "par ou ímpar", após obter o resultado da soma dos valores dos quantitativos de dedos estendidos. Desse modo, os valores da soma variam desde o valor mínimo de 2(1 + 1) até o valor máximo de 8(4 + 4).

(a) Determine todas as possibilidades dos resultados da soma.

(b) Quantas são essas possibilidades? ....

(c) Quais valores de soma podem ocorrer? ....

(d) Há um resultado de soma que tem maior chance ser obtido? .... Se sim, qual o valor?.... Se não, há mais que um só valor?.... Explique.

(e) Há um resultado de soma que tem menor chance ser obtido? .... Se sim, e se há apenas um valor, qual é esse valor? .... Se sim, e se há mais que um só valor, quais são esses valores? .... Se não há um valor de soma que tem mais chance de ocorrer que as demais somas, explique porque.

(f) A chance de a soma ser um número par é maior, igual ou menor que a chance de a soma ser um número ímpar? Explique.

(g) Você considera ser justa essa maneira que André e Paulo resolveram inovar de determinar quem começa jogando o Jogo de Damas? Explique.

A ***Situação-problema 11*** (que será apresentada em prosseguimento segundo uma resolução que envolve a relação direta entre um diagrama de árvore (possibilidades) e uma árvore de probabilidades) configura uma possibilidade de encaminhar a resolução segundo o estabelecimento de um espaço amostral equiprovável associado. Naturalmente, esse encaminhamento de resolução não é o único que se pode lançar mão para obter os resultados.

Situação-problema 11: Ana precisa escolher as cores das peças de um conjunto saia-blusa e também escolher um tipo de calçado, com os quais quer se vestir para ir a um compromisso. No momento, Ana dispõe de uma saia de cor clara (branca) e uma saia de cor escura (cinza). Também tem 2 (duas) blusas de cor clara (amarela e rosa) e 1 (uma) de cor escura (preta). Os calçados que ela tem disponíveis, no momento, são: 1(um) par de sandálias e

1(um) par de sapatos.

(a) De quantos modos Ana pode se vestir? ....

(b) Qual a chance de Ana comparecer ao compromisso, vestindo saia e blusa de cores escuras? ....

A Figura 1, apresentada a seguir, mostra-nos uma árvore de possibilidades (diagrama de árvore) e a correspondente árvore de probabilidades, como resultantes da resolução dos 2 (dois) problemas (a) e (b), acima: uma resolução de combinatória e uma outra de probabilidade. A proposição de tais problemas tem o propósito de ilustrar uma das competências requeridas aos estudantes, como foi indicado acima.

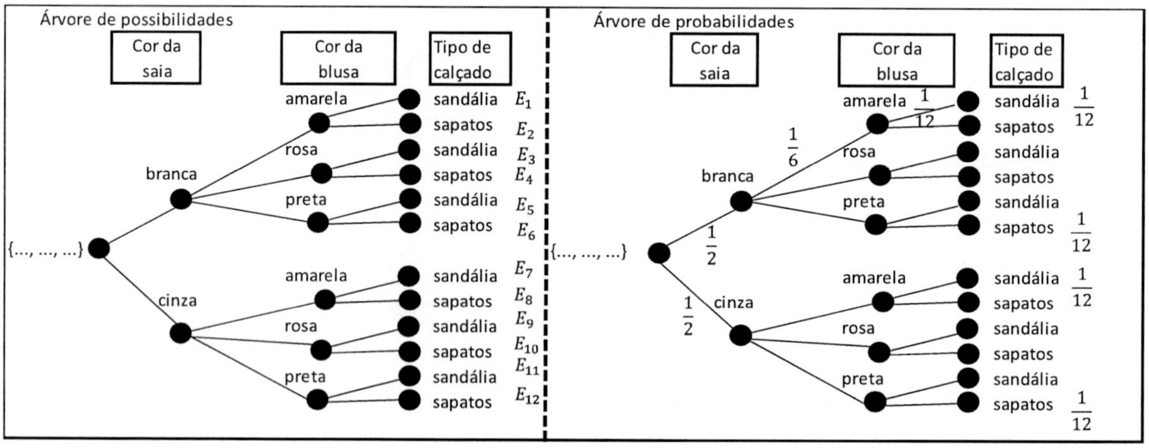

Figura 1: Árvore de possibilidades e árvore de probabilidades, Problema 1. Fonte: o autor.

(a) Os seguintes conjuntos saia-blusa-calçado podem ser formados:

{E_1 = {saia cor branca-blusa cor amarela-sandália};

{E_2 = {saia cor branca-blusa cor amarela-sapatos};

{E_3 = {saia cor branca-blusa cor rosa-sandália};

{E_4 = {saia cor branca-blusa cor rosa-sapatos};

{E_5 = {saia cor branca-blusa cor preta-sandália};

{E_6 = {saia cor branca-blusa cor preta-sapatos};

E_7 = {saia cor cinza-blusa cor amarela-sandália};

{E_8 = {saia cor cinza-blusa cor amarela-sapatos};

{E_9 = {saia cor cinza-blusa cor rosa-sandália};

{E_{10} = {saia cor cinza-blusa cor rosa-sapatos};

{E_{11} = {saia cor cinza-blusa cor preta-sandália};

{E_{12} = {saia cor cinza-blusa cor preta-sapatos}.

O total de possibilidades (agrupamentos-solução) é determinado pela contagem direta, que é feita diretamente da árvore de possibilidades por meio da aplicação do Princípio Aditivo, assim: 1 + 1 + 1 + 1 + 1 + 1 + 1 + 1 + 1 + 1 + 1 + 1 = 12, ou por meio de blocos: 2 + 2 + 2 + 2 + 2 + 2 = 12 ou 6 + 6 = 12.

Ou então, por meio da aplicação do Princípio Multiplicativo, assim: 2 x 3 x 2 = 12. Assim, 12 é o número de modos como Ana pode se vestir.

A árvore de possibilidades é dita "simétrica". Ou seja, há uma distribuição igualitária entre a quantidade de conjuntos com o uso de sandália e a quantidade de conjuntos com o uso de sapatos (6 para cada).

O Espaço Amostral é formado por 12 (doze) eventos simples:

$\Omega = \{E_1, E_2, E_3, E_4, E_5, E_6, E_7, E_8, E_9, E_{10}, E_{11}, E_{12}\}$.

A probabilidade de ocorrência de cada evento simples é igual a:

$p(E_1) = p(E_2) = ... = p(E_{12}) = \dfrac{1}{12}$.

Como todos os eventos simples têm igual probabilidade de ocorrer se diz que o espaço amostral é equiprovável (todos os eventos (elementos) do conjunto Espaço Amostral têm igual probabilidade de ocorrer).

Assim, é possível estabelecer o seguinte resultado:

"Uma árvore de possibilidades é dita simétrica se e somente se o espaço amostral correspondente ao experimento que deu origem à árvore é equiprovável".

Vamos explicitar como o valor da probabilidade de cada evento simples, foi obtido a partir da árvore de probabilidades:

Após o primeiro "nó" da árvore de probabilidades, há 2 (duas) possíveis decisões a tomar conforme seja a escolha da cor da saia: escolher saia de cor branca ou escolher saia de cor cinza.

Assim, a partir do "nó" indicado pela cor de saia branca, probabilidade igual a $\frac{1}{12}$, para cada "ramo" da árvore a partir desse "nó" há 3 (três) possíveis decisões a tomar conforme seja a escolha da cor de uma blusa: escolher blusa de cor amarela, escolher blusa de cor rosa ou escolher blusa de cor preta.

Ou seja, probabilidade igual a $\frac{1}{3}$ para cada "ramo" da árvore a partir desse "nó". Então, a chance de escolher um conjunto saia-blusa, com a saia na cor branca, é dada por: $\frac{1}{3}$ em $\frac{1}{2} = \frac{1}{3} \times \frac{1}{2} = \frac{1}{6}$.

A partir do "nó" indicado pela cor de blusa amarela, por exemplo, probabilidade igual a $\frac{1}{2}$ para cada "ramo" da árvore, a partir desse "nó", há 2 (duas) possíveis decisões a tomar conforme seja a escolha do tipo de calçado: escolher par de sandália ou par de sapatos. Isto é, probabilidade igual a para cada "ramo" da árvore a partir desse "nó".

Então, a chance de escolher um conjunto saia-blusa, com a saia na cor branca, e um par de calçado é dada por: $\frac{1}{2}$ em $\left(\frac{1}{3} \times \frac{1}{2}\right) = \frac{1}{2}$ em $\frac{1}{6} = \frac{1}{2} \times \frac{1}{6} = \frac{1}{12}$.

(b) O evento "vestir saia e blusa de cores escuras" é um evento composto, resultado da união dos eventos E_{11} e E_{12}. Logo, $p\ (E_{11} \cup E_{12}) = \frac{1}{12} + \frac{1}{12} = \frac{1}{6}$.

Vale lembrar que os 12 (doze) eventos simples, como mostrado acima, correspondem a conjuntos disjuntos entre si. Assim, a chance de Ana comparecer ao compromisso vestindo saia e blusa de cores escuras e calçando qualquer um dos 2 (dois) tipos de calçado que dispõe é igual a $\frac{1}{6}$.

Tal chance poderia ser obtida diretamente da árvore de probabilidades, por meio da terna $\left(\frac{1}{2},\frac{1}{3},1\right)$, fazendo assim: 1 em ($\frac{1}{2}$ em $\frac{1}{3}$) = 1 em ($\frac{1}{3}$ x $\frac{1}{2}$) = 1 em ($\frac{1}{6}$) = 1 x $\frac{1}{6}$ = $\frac{1}{6}$.

Vamos entender as operações acima, como será mostrado a seguir. Mas, para facilitar o entendimento, começamos da esquerda para a direita - que é *"a ordem em que as decisões foram sendo tomadas"*.

Após o primeiro "nó" da árvore de probabilidades, há 2 (duas) possíveis decisões a tomar, conforme a escolha da cor da saia: escolher saia de cor branca ou escolher saia de cor cinza.

Assim, a partir do "nó" indicado pela cor de saia cinza - probabilidade igual a $\frac{1}{2}$ para cada "ramo" da árvore a partir desse "nó" -, há 3 (três) possíveis decisões a tomar conforme seja a escolha da cor de uma blusa: escolher blusa de cor amarela, ou escolher blusa de cor rosa ou escolher blusa de cor preta.

Ou seja: probabilidade igual a $\frac{1}{3}$ para cada "ramo" da árvore a partir desse "nó". Então, a chance de escolher um conjunto saia-blusa com a saia e a blusa de cores escuras é dada por: $\frac{1}{3}$ em $\frac{1}{2}=\frac{1}{3}\times\frac{1}{2}=\frac{1}{6}$.

A partir do "nó" indicado pela cor de blusa amarela, por exemplo, - probabilidade igual a $\frac{1}{2}$ para cada "ramo" da árvore a partir desse "nó" -, há 2 (duas) possíveis decisões a tomar conforme seja a escolha do tipo de calçado: escolher o par de sandálias ou escolher o par de sapatos. Ou seja: probabilidade igual a $\frac{1}{2}$ para cada "ramo" da árvore a partir desse "nó". Então, a chance de escolher um conjunto saia-blusa com a cor da saia na cor branca e um par de calçado, é dada por: $\frac{1}{2}$ em ($\frac{1}{3}$ x $\frac{1}{2}$) = $\frac{1}{2}$ em $\frac{1}{6}=\frac{1}{2}\times\frac{1}{6}=\frac{1}{12}$.

A partir do "nó" indicado pela cor de blusa preta - que é a cor de interesse, de modo que atenda o enunciado do problema - tem-se que a probabilidade de escolha do conjunto saia-blusa, ambas de cor escura, é igual a $\frac{1}{6}$, como calculado acima.

A probabilidade para a escolha de um calçado é igual a 100% = 1. Ou seja: probabilidade igual a 1 para a escolha do calçado pois qualquer que seja a escolha do tipo de calçado: escolher par de sandálias ou escolher par de sapatos - que são ***todos*** os tipos de calçado disponíveis - uma vez que esta escolha atende ao problema (cada "ramo" da árvore a partir desse "nó" tem probabilidade igual a $\frac{1}{2}$).

Então, a chance de escolher qualquer um dos tipos de calçado é dada por (2 x $\frac{1}{2}$) em $\frac{1}{6}$ = 1 em $\frac{1}{6}$ = 1 x $\frac{1}{6}$ = $\frac{1}{6}$.

Neste momento cabe atenção maior por parte do leitor: por conta de qualquer um dos 2 (dois) tipos de calçados disponíveis poderem ser utilizados por Ana para compor o conjunto vestuário-calçado, a chance de escolha de um tipo de calçado é igual a 2 x $\frac{1}{2}$ = 1 = 100% (evento certo).

Portanto, a chance de Ana comparecer ao compromisso com saia de cor escura e blusa de cor escura e calçando qualquer um dos 2 (dois) tipos de calçado de que dispõe é igual a $\frac{1}{6}$.

Solicitamos especial atenção do professor quanto ao entendimento de como ele pode proceder no encaminhamento da resolução de um problema de probabilidade como a que foi apresentada acima.

Tal competência, requer longo trabalho com os alunos de modo que eles se apropriem corretamente dos procedimentos que precisam ser encaminhados ao longo da resolução, bem como em relação à compreensão de todos os conceitos envolvidos.

Também, no tocante à justificativa que precisa ser dada ao fato de cada evento simples ter probabilidade igual aos demais eventos, e por que esta probabilidade é, então, igual a $\frac{1}{12}$.

Não nos parece ser natural pensar que, pelo fato de haver 12 eventos simples no espaço amostral, então a probabilidade de cada evento simples é igual a $\frac{1}{12}$. , pois já se estaria admitindo diante mão que o espaço amostral é um espaço amostral equiprovável.

Ora, o espaço amostral é equiprovável por conta de a árvore de possibilidades ser uma árvore do tipo simétrica. Sendo assim, uma vez que um espaço amostral seja equiprovável, sempre é possível que se possa pedir aos alunos que escrevam os conjuntos saia-blusa-calçado em 12 tiras de papel, cada conjunto escrito em uma tira de papel, e que eles coloquem todas as tiras de papel dentro de uma caixa. Em seguida, cabe perguntar: qual a chance de retirar uma tira de papel da caixa e nela encontrar escrito um conjunto em que a cor da saia e a cor da blusa são, ambas, de cores escuras?

Ademais, a probabilidade de um particular evento simples pode ser determinada sem que seja preciso construir toda a árvore de possibilidades ou que se saiba ser ela uma árvore simétrica ou não. Tal qual foi feito acima, também em árvores não simétricas é possível determinar a probabilidade de um evento simples esteja a árvore completamente construída ou não.

Em prosseguimento - e para fundamentar os conceitos envolvidos -, vamos apresentar a resolução de uma situação-problema (***Situação-problema 12***), que é similar à ***Situação-problema 11***, agora por meio de uma árvore de possibilidades do tipo assimétrica (não simétrica), tomando-se um espaço amostral não equiprovável. Porém, a resolução deste problema apresenta uma dificuldade maior que a da Situação-problema 11, até que se chegue à resposta.

Situação-problema 12: Bia precisa escolher as cores das peças de um conjunto saia-blusa e também escolher um tipo de calçado com o qual vai se vestir para ir a um compromisso. No momento, Bia dispõe de uma saia de cor clara (branca) e uma saia de cor escura (cinza). Também tem blusas de cor clara (amarela) e de cor escura (roxa ou preta). Os calçados que ela tem disponíveis, no momento, são: 1 (um) par de sandálias e 1 (um) par de sapatos. Para esse particular compromisso, Bia vai levar em conta uma velha mania que tem para se vestir: usa sandálias ou sapatos quando veste uma saia de cor clara e quando as cores da saia e da blusa são escuras ela só usa sapatos.

(a) De quantos modos Bia pode se vestir para comparecer a esse compromisso? ....

(b) Qual a chance de Bia comparecer ao compromisso, vestindo saia e blusa de cores escuras? ....

A Figura 2, apresentada a seguir, mostra-nos uma árvore de possibilidades (diagrama de árvore) e a correspondente árvore de probabilidades, como resultantes da resolução dos 2 (dois) problemas (a) e (b), acima: uma resolução de combinatória e uma outra resolução de probabilidade.

A proposição de tais problemas tem o propósito de ilustrar uma das competências requeridas aos estudantes, como foi indicado acima.

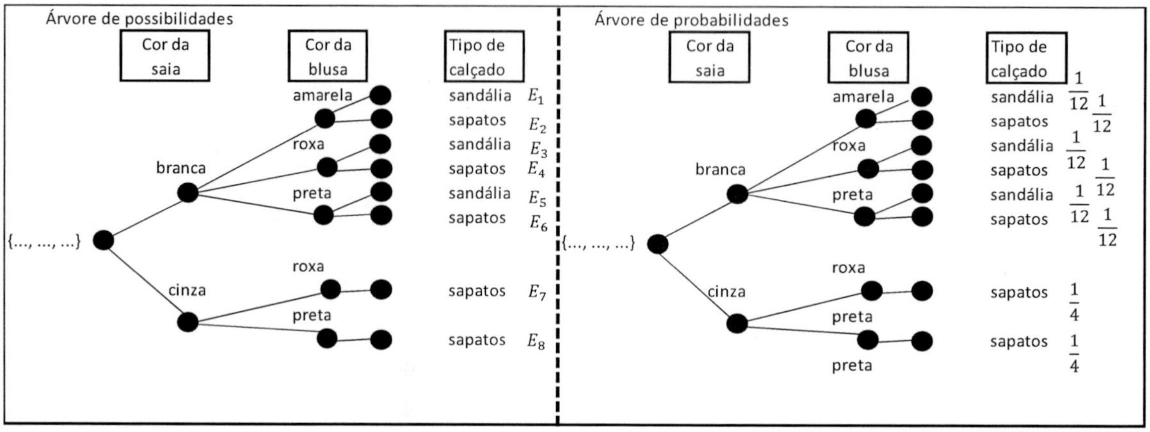

Figura 2: Árvore de possibilidades e árvore de probabilidades, Problema 2. Fonte: o autor.

(a) Os seguintes conjuntos saia-blusa-calçado podem ser formados:

{E_1 = {saia cor branca-blusa cor amarela-sandália};

{E_2 = {saia cor branca-blusa cor amarela-sapatos};

{E_3 = {saia cor branca-blusa cor roxa-sandália};

{E_4 = {saia cor branca-blusa cor roxa-sapatos};

{E_5 = {saia cor branca-blusa cor preta-sandália};

{E_6 = {saia cor branca-blusa cor preta-sapatos};

E_7 = {saia cor cinza-blusa cor roxa-sapatos};

{E_8 = {saia cor cinza-blusa cor preta-sapatos}.

O total de possibilidades (agrupamentos-solução) é determinado pela contagem direta, a qual é feita diretamente da árvore de possibilidades por meio da aplicação do Princípio Aditivo, assim: (1 + 1 + 1 + 1 + 1 + 1) + (1 + 1) = 8, ou por meio de blocos: 6 + 2 = 8. Ou então, por meio da aplicação do Princípio Multiplicativo e do Princípio Aditivo, em conjunto, assim: (1 x 3 x 2) + (1 x 2 x 1) = 6 + 2 = 8. Assim, 8 é o número de modos como Bia pode se vestir.

A árvore de possibilidades é dita "antissimétrica". Ou seja, há uma distribuição não igualitária entre a quantidade de conjuntos com o uso de saia de cor clara e a quantidade de conjuntos com o uso de saia de cor escura (6 conjuntos com o uso de saia de cor clara e 2 conjuntos com o uso de saia de cor escura).

O Espaço Amostral é formado por 6 (seis) eventos simples: $\Omega = \{E_1, E_2, E_3, E_4, E_5, E_6\}$.

A probabilidade de ocorrência de cada evento simples não é a mesma para todos os eventos simples. É igual a $p(E_1) = p(E_2) = p(E_3) = p(E_4) = p(E_5) = p(E_6) =$ e é igual a $p(E_7) = p(E_8) = \frac{1}{4}$.

Como os eventos simples não têm igual probabilidade de ocorrer, se diz que o espaço amostral não é equiprovável (nem todos os eventos simples (elementos) do conjunto espaço amostral têm igual probabilidade de ocorrer). Assim, é possível estabelecer o seguinte resultado:

"*Uma árvore de possibilidade é assimétrica se e somente se o espaço amostral correspondente ao experimento que deu origem à árvore não é equiprovável*".

Vamos explicitar como o valor da probabilidade de cada evento simples foi obtido:

Após o primeiro "nó" da árvore de probabilidades há 2(duas) possíveis decisões a tomar conforme seja a escolha da cor da saia: escolher saia de cor branca ou escolher saia de cor cinza.

Assim, a partir do "nó" indicado pela cor de saia branca, probabilidade igual a $\frac{1}{2}$, para cada "ramo" da árvore a partir desse "nó" há 3 (três) possíveis decisões a tomar conforme seja a escolha da cor de uma blusa: escolher blusa de cor amarela, escolher blusa de cor roxa ou escolher blusa de cor preta.

Ou seja, probabilidade igual a $\frac{1}{3}$ para cada "ramo" da árvore a partir desse "nó". Então, a chance de escolher um conjunto saia-blusa, com a saia na cor branca, é dada por: $\frac{1}{3}$ em $\frac{1}{2} = \frac{1}{3} \times \frac{1}{2} = \frac{1}{6}$.

A partir do "nó" indicado pela cor de blusa amarela, por exemplo, probabilidade igual a $\frac{1}{2}$ para cada "ramo" da árvore a partir desse "nó", há 2 (duas) possíveis decisões a tomar conforme seja a escolha do tipo de calçado: escolher par de sandália ou par de sapatos.

Isto é, probabilidade igual a $\frac{1}{2}$ para cada "ramo" da árvore a partir desse "nó". Então, a chance de escolher um conjunto saia-blusa com a saia na cor branca e um par de calçado é dada por: $\frac{1}{2}$ em $(\frac{1}{3} \text{ x } \frac{1}{2}) = \frac{1}{2}$ em $\frac{1}{6} = \frac{1}{2} \times \frac{1}{6} = \frac{1}{12}$.

Por outro lado, a partir do "nó" indicado pela cor de saia cinza, probabilidade igual a $\frac{1}{2}$, para cada "ramo" da árvore a partir desse "nó" há 2(duas) possíveis decisões a tomar conforme seja a escolha da cor de uma blusa: escolher blusa de cor roxa ou escolher blusa de cor preta.

Ou seja, probabilidade igual a $\frac{1}{2}$ para cada "ramo" da árvore a partir desse "nó". Então, a chance de escolher cada um dos conjuntos saia-blusa, com a saia na cor cinza, é dada por: $\frac{1}{2}$ em $\frac{1}{2} = \frac{1}{2} \times \frac{1}{2} = \frac{1}{4}$.

A partir do "nó" indicado pela cor de blusa roxa, por exemplo, probabilidade igual a 1 = 100% para o único "ramo" da árvore a partir desse "nó", há uma única decisão a tomar que é a de tomar o par de sapatos e vesti-lo.

Então, a chance de escolher cada um dos conjuntos saia-blusa com a saia na cor cinza e calçar um par de sapatos é dada por: 1 em $(\frac{1}{2} \text{ x } \frac{1}{2}) = 1$ em $\frac{1}{4} = 1 \text{ x } \frac{1}{4} = \frac{1}{4}$.

(b) O evento "vestir saia e blusa de cores escuras" é um evento composto, resultado da união dos eventos e .

Logo, p $(E_7 \cup E_8) = \frac{1}{4} + \frac{1}{4} = \frac{1}{2}$. Vale lembrar que os 8 (oito) eventos simples, como mostrado acima, correspondem a conjuntos disjuntos entre si.

Assim, a chance de Bia comparecer ao compromisso vestindo saia e blusa de cores escuras e calçando um par de sapatos, é igual a $\frac{1}{2}$.

Esta chance poderia ser obtida diretamente da árvore de probabilidades por meio da terna $(\frac{1}{2}, \frac{1}{2}, 1)$, fazendo assim: 1 em $(\frac{1}{2}$ em $\frac{1}{2}) = 1$ em $(\frac{1}{2} \text{ x } \frac{1}{2}) = 1$ em $(\frac{1}{4}) = 1 \text{ x } \frac{1}{4} = \frac{1}{4}$, probabilidade igual para cada escolha de cor de blusa.

Considerando as 2 (duas) possibilidades de escolha de uma blusa, tem-se: $= 2 \text{ x } \frac{1}{4} = \frac{1}{2} = 50\%$.

Tal probabilidade também pode ser determinada se levarmos em conta a probabilidade de escolha de uma saia de cor clara, a qual é determinada por $6 \text{ x } \frac{1}{12} = \frac{1}{2}$, pois os 6 (seis) primeiros eventos têm igual probabilidade.

Assim, a probabilidade de escolher uma blusa de cor clara é de 50% e, portanto, a probabilidade para escolher uma blusa de cor escura também é de 50%.

Vamos entender as operações feitas acima: após o primeiro "nó" da árvore de probabilidades há 2 (duas) possíveis decisões a tomar, conforme a escolha da cor da saia: escolher saia de cor branca ou escolher saia de cor cinza.

Assim, a partir do "nó" indicado pela cor de saia cinza - probabilidade igual a $\frac{1}{2}$ para cada "ramo" da árvore a partir desse "nó" - há 2 (duas) possíveis decisões a tomar, conforme seja a escolha da cor de uma blusa: ou escolher a blusa de cor roxa ou escolher a blusa de cor preta.

Ou seja: probabilidade igual a $\frac{1}{2}$ para cada "ramo" da árvore, a partir desse "nó". Logo, a chance de escolher um conjunto saia-blusa com a cor da saia e a cor da blusa de cor escura é dada por: $\frac{1}{2}$ em $\frac{1}{2} = \frac{1}{2} \times \frac{1}{2} = \frac{1}{4}$.

A partir do "nó" indicado pela cor de blusa roxa, por exemplo, - probabilidade igual a 1 para o único "ramo", da árvore a partir desse "nó" -, há uma única decisão a tomar conforme a escolha única relativa ao tipo de calçado: escolher o par de sapatos. Isto é, a probabilidade é igual a 1 = 100% para o "ramo" da árvore a partir desse "nó".

A probabilidade de escolha de um calçado é igual a 100% = 1pois esta é a única alternativa a tomar para o calçado: tomar o par de sapatos e calçá-lo.

Então, a chance de escolher um conjunto saia-blusa com a cor da saia cinza, e um par de sapatos, é dada por: 1 em $(\frac{1}{2} \times \frac{1}{2})$ = 1 em $\frac{1}{4}$ = $1 \times \frac{1}{4} = \frac{1}{4}$.

Neste momento cabe uma atenção maior por parte do leitor por conta da exigência de calçar sapatos quando o conjunto saia-blusa é formado por uma saia e uma blusa de cor escura.

Tal escolha acarreta a escolha de um único tipo de calçado, conforme as condições estabelecidas no enunciado, razão porque a probabilidade dessa escolha ser igual a 1 = 100% (evento certo).

Portanto, a chance de Bia comparecer ao compromisso com saia de cor escura e blusa de cor escura, e calçando um par de sapatos é igual a $\frac{1}{2}$ = 50%.

É preciso que o professor dê ênfase aos procedimentos construtivos de uma árvore de possibilidades e de uma árvore de probabilidades, de modo que o aluno "não caia na tentação de achar que pelo fato de haver 8 eventos simples no espaço amostral a probabilidade de cada evento simples seja igual a $\frac{1}{8}$ " pois, ao pensar assim, ele estaria admitindo que o espaço amostral é equiprovável, o que não é verdade.

Por conta do problema anterior, sabe-se que o espaço amostral não é equiprovável devido a árvore de possibilidades ser uma árvore do tipo assimétrica.

Sendo assim, não se pode pedir que os alunos escrevam os conjuntos cor da saia-cor da blusa-par de sapatos em 8 tiras de papel - tal como foi sugerido fazer por ocasião do Problema 1 -, cada conjunto escrito em uma tira de papel e que os coloque dentro de uma caixa e perguntássemos a eles qual é a chance de retirar uma tira de papel e nela encontrar escrito um conjunto em que as cores da saia e da blusa são escuras, pois esse procedimento só se aplica quando todos os eventos simples têm igual probabilidade de ocorrer.

Esta mesma situação se repete em um número considerável de problemas de probabilidade - razão de estarmos chamando a atenção para tal. Ademais, nossa experiência tem-nos mostrado a dificuldade que tem sido a compreensão acerca desse fato pelos alunos.

Um erro bastante comum é o de achar que a resposta para este problema é determinada pela razão 2 em 8 - conforme o pensamento segundo o qual há 2 (dois) eventos simples: E_7 e E_8 em que a saia é de cor escura, em um total de 8 (oito) eventos simples -, pois os 8(oito) eventos não têm igual probabilidade de ocorrer. Ou seja, não é válido este procedimento em razão de o espaço amostral não ser equiprovável.

Portanto, entendemos que este conceito precisa ser bem explorado pelo professor com os seus alunos, de maneira que ele possa ficar solidificado como uma importante competência a ser posta em prática quando necessário.

Ao finalizar o estudo inicial básico de probabilidades nos anos iniciais do ensino fundamental, notadamente no que refere ao conceito de aleatoriedade, sugerimos ao professor que conheça acerca daquilo que os seus alunos aprenderem a respeito, por meio de um questionário, como o que será apresentado em prosseguimento.

Os resultados obtidos por meio das respostas a esse questionário têm o propósito de orientar o professor acerca das ações que ainda precisarem ser postas em prática a partir de então, tendo em vista a importância do domínio deste conceito e seus significados.

Eis o questionário:

Questionário a ser proposto os estudantes após terem sido desenvolvidas as ideias básicas de aleatoriedade por meio da proposição dos Jogos de Probabilidade

1. Paulo e os colegas da sua turma vão à festa do "Dia das Crianças", que será realizada no Maracanã. A festa vai contar com a chegada de um helicóptero com alguns "Super-Heróis".
   Considerando que você também vá à essa festa, escreva ao lado de cada opção listada abaixo, um dos números: 1, 2 ou 3, conforme você considere que:
   (1) "você vai encontrar, com certeza";
   (2) "talvez você encontre";
   (3) "é impossível de encontrar".
   (a) Uma árvore: ......;
   (b) Uma geladeira: ......;
   (c) Um gatinho preto: ....;
   (d) O presidente de Portugal: ....;
   (e) Um par de esquadros: ....;
   (f) Um dragão: ....

2. Ana jogou um dado de cor vermelha e outro de cor branca ao chão - ambos dados "honestos" - por 20 (vinte) vezes, e em todas elas apareceu em cada um dos dados a face voltada para cima que mostra "duas bolinhas". Da próxima vez que Ana jogar os dois dados ao chão, você acha que vai aparecer a face "duas bolinhas" voltada para cima em cada uma das faces dos dois dados? .... Explique por que você acha isso:
   ....

3. Se Ana continuar jogando os dois dados distintos ao chão - conforme descritos acima - por mais 100 (cem) vezes, é possível afirmar que na maioria das vezes as duas faces voltadas para cima, dos dois distintos dados mostrará a face que tem "duas bolinhas"? ....
Explique porque você acha isso: ....

4. Se Ana continuar jogando os dois dados distintos ao chão por muito mais vezes, é possível afirmar que haverá mais vezes em que as duas faces voltadas para cima, dos dois distintos dados, mostrará a face com "duas bolinhas" que a possibilidade de uma das faces mostradas ser a face que mostra "uma bolinha" e a face do outro dado ser a face que mostra "três bolinhas"? ....
Explique por que você acha isso: ....

5. Se Ana continuar jogando os dois dados distintos ao chão, qual a chance de aparecer soma igual a 8 entre as quantidades de "bolinhas" mostradas nas duas faces dos dados que estão voltadas para cima? ......
Explique por que você acha isso: ....

6. O Espaço Amostral da "experiência de jogar um dado de cor vermelha e outro dado de cor branca ao chão" e observar a quantidade de "bolinhas" mostradas nas faces voltadas para cima é o conjunto que descreve (mostra) todas as possibilidades de ocorrência da quantidade de "bolinhas" de cada face dos dois dados, possíveis serem visualizadas quando se joga dois dados distintos e "honestos" ao chão.

6.a) Escreva os elementos do Espaço Amostral que mostra (descreve) todas as possibilidades de ocorrência das "quantidades de bolinhas" mostradas nas faces voltadas para cima quando se jogam dois distintos dados ao chão.
EA = {..}
Se achar mais interessante, escolha outra representação que mostre todas as possibilidades.
Esse conjunto tem quantos elementos? ....

6.b) Escreva os elementos do Espaço Amostral que mostra (descreve) todos os resultados possíveis da soma entre as quantidades de "bolinhas" mostradas nas faces voltadas para cima de dois distintos dados "honestos" quando eles são jogados ao chão.
EA = {..}
Esse conjunto tem quantos elementos? ....
6.c) Escreva os elementos do Espaço Amostral que mostra (descreve) todos os resultados possíveis da diferença entre as quantidades de "bolinhas" mostradas nas faces voltadas para cima de dois distintos dados "honestos" quando estes são jogados ao chão.
EA = {..}
Esse conjunto tem quantos elementos? ....

6.d) Escreva os elementos do Espaço Amostral que mostra (descreve) todos os resultados possíveis do produto entre as quantidades de "bolinhas" que são mostradas nas faces voltadas para cima de dois distintos dados "honestos" quando estes são jogados ao chão.
EA = {..}
Esse conjunto tem quantos elementos? ....

Uma alternativa para esta situação-problema pode ser a de considerar (não, necessariamente de determinar) os respectivos Espaços Amostrais quando se joga ao chão um dado, dois dados, três dados, uma moeda, duas moedas, etc.

E por conta disso, poderia ser feita a "experiência de observar e de computar as "somas" ou as "diferenças" ou os "produtos" entre as quantidades de "bolinhas" mostradas nas faces de 2(dois) distintos dados" diretamente a partir do Espaço Amostral que mostra todas as possibilidades de aparecerem as "bolinhas" nas faces voltadas para cima, dos dois distintos dados jogados ao chão.

6.a) Assim, e para este exemplo referência, considere que o Espaço Amostral deve ser o conjunto que mostre todas as possibilidades de "acontecer o resultado da soma entre as quantidades de "bolinhas" mostradas nas faces voltadas para cima", quando se joga dois dados ao chão.

Escreva os elementos do Espaço Amostral que contém todas as possibilidades de ocorrência da 'soma das quantidades de bolinhas mostradas nas faces voltadas para cima quando se joga dois distintos dados ao chão', ou seja, os elementos desse espaço Amostral são os resultados das somas. Assim:
EA =
{..}
Esse conjunto tem quantos elementos? ....
6.b) Escreva os elementos do Espaço Amostral que contêm todas as possibilidades de ocorrência da "diferença das quantidades de bolinhas mostradas nas faces voltadas para cima quando se joga dois distintos dados ao chão, ou seja, os elementos desse espaço Amostral são os resultados das diferenças. Assim:
EA =
{..}
Esse conjunto tem quantos elementos? ....
6.c) Escreva os elementos do Espaço Amostral que contêm todas as possibilidades de ocorrência do "produto entre as quantidades de bolinhas mostradas nas faces voltadas para cima quando se joga dois distintos dados ao chão, ou seja, os elementos desse espaço Amostral são os resultados dos produtos. Assim:
EA =

{..}
Esse conjunto tem quantos elementos? ....

7. Em uma caixa colocam-se duas bolas vermelhas e duas bolas pretas, todas de mesmo tamanho e peso, diferentes apenas pela cor. Ao retirar duas bolas dessa caixa você acha que há maior, menor ou igual chance de tirar duas bolas da mesma cor ou de retirar duas bolas de cores diferentes? .....
Explique porque você acha isso: ....

8. Ana jogou dois dados "honestos" ao chão: um de cor vermelha e outro de cor branca, e vai fazer experimentos de observação do produto entre as quantidades de "bolinhas" mostradas nas faces dos dados voltadas para cima. Ajude Ana responder à seguinte questão: a chance de o produto das quantidades de "bolinhas" mostradas nas faces dos dois dados voltadas para cima ser o resultado 8 é maior, igual ou menor que ser o resultado 32? ....
Explique por que você acha isso: ....

9. Ana jogou dois dados ao chão: um de cor vermelha e outro de cor branca e vai fazer experimentos de observação do produto entre as quantidades de "bolinhas" mostradas nas faces dos dados voltadas para cima. Ela também vai aproveitar o experimento de observação da diferença entre as quantidades de "bolinhas" mostradas nas faces dos dados voltadas para cima. Ajude Ana responder à seguinte questão: a chance de o produto das quantidades de "bolinhas" mostradas nas faces dos dois dados voltadas para cima ser o resultado igual a 3 é maior, igual ou menor que ser também o resultado igual a 3 quando ela estiver considerando o experimento de observação da diferença entre as quantidades de "bolinhas" nas faces voltadas para cima? .....
Explique por que você acha isso: ....

10. Ana jogou dois dados "honestos" ao chão: um de cor vermelha e outro de cor branca, e vai fazer experimentos de observação da soma entre as quantidades de "bolinhas" mostradas nas faces dos dados voltadas para cima e também vai fazer a observação da quantidade de "caras" mostradas nas faces de duas moedas distintas jogadas ao chão. Ajude Ana responder à seguinte questão: a chance de a soma das quantidades de "bolinhas" mostradas nas faces voltadas para cima dos dois dados distintos "honestos" ser o resultado 7 é maior, igual ou menor que a chance de encontrar "duas caras" quando se está considerando a observação das faces voltadas para cima de duas moedas distintas "honestas" que foram jogadas ao chão? .....
Explique por que você acha isso: ....

11. Um casal pretende ter 3(três) filhos. Qual a chance de nascerem 2 (duas) meninas e 1 (um) menino, em condições iguais de fertilidade quanto ao nascimento de filhos para os dois gêneros? ....

Capítulo 2

Jogos para o Ensino e a Aprendizagem de Matemática Básica

2.1 A importância dos jogos para o ensino e a aprendizagem da Matemática

Uma das preocupações sociais relativamente ao ensino das ciências, em particular, da Matemática, é o grande distanciamento de estudantes por carreiras das áreas científicas. Tal se observa, também, pela baixa procura por cursos de Licenciatura em Matemática, Física e Química, por exemplo. Esses fatores se complementam com os baixos rendimentos que os alunos têm obtido em Matemática nas avaliações em grande escala à medida que avançam em sua escolarização.

Uma das possíveis causas que têm sido apontadas em resultados de pesquisas são as que derivam de desmotivação pelo ensino da Matemática tal como ele tem sido desenvolvido nas escolas, e o tratamento que é dado ao ensino e à aprendizagem do conteúdo em sala de aula: distanciado das demais ciências: física, química e biologia, que lhe estão associadas, e descontextualizado das realidades dos estudantes. De fato, tal como aponta Hall (2012), "estas disciplinas geralmente têm sido estudadas como entes complexos, orientadas apenas ao aprendizado de noções e processos mais abstratos que palpáveis".

Ademais, às duas questões que foram apontadas anteriormente junta-se a imposição que é feita - mesmo que subliminarmente -, no sentido de os conteúdos curriculares deixarem os alunos com pouca ou nenhuma oportunidade para participarem do planejamento de suas próprias formações.

Assim, abrem-se cada vez mais espaços para a continuidade dos métodos tradicionais de ensino e de aprendizagem que imperam anos a fio na Educação Básica, desde o início do século XIX.

Por meio desse método de ensino prevalecem as turmas com pouca participação dos estudantes nas salas de aula em relação a reflexões, questionamentos e a tomada de decisões, com predomínio do ensino teórico, pouco ou quase nenhum momento para questionamentos e discussões de todo o grupo entre si e com o professor. Longe de atrair e estimularem os alunos ao estudo, esses métodos de ensino os desmotivam e os afastam da Matemática, além de tolher o interesse e a criatividade pelos estudos das outras disciplinas em ciências da natureza.

Embora os resultados de pesquisa apontem que esses métodos de ensino estão distantes da realidade da educação brasileira, nos últimos tempos, ainda há resquícios de suas práticas. Assim, que bom seria que os professores estivessem dispostos e preparados para fazer uma grande revolução em relação ao ensino e a aprendizagem da Matemática na Educação Básica.

A começar por ensinar os alunos acerca da importância de provar resultados matemáticos, testar hipóteses e raciocinar sobre problemas que não necessariamente tenham relação direta com o conteúdo que esteja sendo desenvolvido no momento, em um ano/série escolar e em uma particular turma.

Pensar acerca de problemas em que o objetivo não seria que o aluno tivesse participação na construção de uma particular noção matemática específica ou de determinado conceito, senão o de que experimentasse momentos próprios de pesquisa e aprendizagem, que oportunizasse aprender a pesquisar e a concluir assertivamente acerca da particular busca/pesquisa.

Quem sabe, não estaríamos despertando talentos para a Matemática?

No contexto em que as situações escolares estão mais próximas à pesquisa (como indicado acima) e, além disso, sejam lúdicas, motivadoras e palpáveis, com turmas mais participativas, e que não contemple o ensino puramente teórico, mas predominem momentos para reflexões e discussões de todo o grupo, a atividade científica pode se revestir de ludicidade e recreação por meio da proposição de jogos. Entendemos que a proposição de uma variedade de jogos envolvendo ou não uma mesma temática, pode e deve ser incentivada e promovida pelos professores como um meio de permitir a participação dos alunos na construção do conhecimento. Portanto, reveste-se de um meio capaz de proporcionar o conhecimento de diferentes regras e estratégias de jogo e, como consequência, visa contribuir para a melhoria da apropriação de ideias, conceitos, estratégias e procedimentos matemáticos.

Assim, tanto o manuseio de material manipulável lúdico quanto a proposição de jogos, constituem ferramentas pedagógicas importantes para promover e incentivar o ensino e a aprendizagem da Matemática, principalmente com os estudantes do ensino básico.

São importantes na medida em que favorecem a apropriação de conhecimentos pelos estudantes e, em um sentido mais amplo, revestem-se de um dos agentes de transformação para o ensino e a aprendizagem da Matemática.

Os jogos permitem que os alunos criem hábitos de concentração para o desenvolvimento das tarefas pertinentes ao jogo, além de permitir que eles levem esses hábitos para quando estiverem realizando tarefas escolares tanto na escola quanto fora dela.

São posturas que cedo ou tarde farão parte da vida dos alunos em suas atividades cotidianas, ao longo de toda a vida, além de favorecerem o emocional pessoal, que se fortalece com perdas e ganhos, sucessos e insucessos, vitórias e derrotas, ou seja, situações que fazem parte da vida de todos nós.

Este aprendizado precisa ser incentivado e enfatizado pelos professores na escola, em continuidade aos valores que já são aprendidos em casa por cada aluno, no seu seio familiar.

Com o jogo o aluno se prepara para aprender na prática a respeitar regras estabelecidas e as possíveis punições quando do não cumprimento de alguma, bem como o sentido de ganhar e de perder, encarando-o como um processo normal e rotineiro, que faz parte da vida de cada um.

Como foi dito, este aprendizado deve ser incentivado também pelo professor já desde os anos inicias de ensino, e aprendido pelo aluno, como um modo de prepará-lo para a vida adulta tanto no seio familiar quanto na sua futura relação com o trabalho e os seus superiores, por exemplo.

Se pode dizer que o mercado de trabalho é tal qual um jogo no sentido de ser competitivo e ao qual vencem todos aqueles que se preparam para ultrapassar os obstáculos os mais diversos, que se apresentam já para a entrada nele e posterior permanência. Para vencer, tanto no jogo quanto no mercado de trabalho, uma pessoa precisa ser estudiosa, diligente, arriscar-se, atirar-se, ser proativo, entre outros.

Uma vez se considere que as atividades que contemplam a ludicidade (como os jogos e o manuseio de materiais manipuláveis, por exemplo) são inerentes ao ser humano, desde pequeno, é preciso que a escola também valorize competições saudáveis entre os alunos como uma forma de prepará-los, tal qual já é a vida de todos nós, em uma sociedade competitiva e globalizada como a nossa.

Todo jogo tem ao menos uma regra, por mais simples que seja, e a partir dela se aprende que o não respeito a ela provoca alguma perda ou acarreta não ganhar uma bonificação, por exemplo.

Nesse sentido, propor jogos no contexto pedagógico conceitua-se como uma atividade que transcende o prazer e a alegria de apenas jogar para ganhar a dimensão de favorecer os alunos em dificuldades, por exemplo. Também serve ao propósito, como um impulso lúdico, de introduzir um novo conteúdo, se for o caso.

Assim, as regras, procedimentos e estratégias de jogo têm significados concretos para o jogador proativo (aquele que joga para ganhar o jogo), e mais adiante podem estar presentes quando da apropriação de conceitos abstratos do conteúdo referido – uma característica que está bastante presente no ensino da Matemática.

Pesquisas têm mostrado diversas contribuições para o ensino e aprendizagem da Matemática, quando da utilização de jogos, como uma maneira de ajudar os alunos a compreenderem melhor os conceitos e os procedimentos de determinado conteúdo matemático.

Ademais, os jogos têm em si um alcance na aprendizagem que transcende o "olhar frio" sobre a tarefa do fazer exercícios, o resolver problemas ou o realizar tarefas de pesquisa, por exemplo, uma vez que parte dessas atividades também estão subjacentes nas ações de um jogo. Assim, ao participar de um jogo o aluno proativo está sempre em busca de uma estratégia vencedora, de ao jogar vir a aprender e de aprender algo ao jogar.

O jogo oferece melhores condições de um particular conteúdo matemático adaptar-se mais facilmente à realidade cotidiana dos alunos que as tarefas escolares presentes nos livros didáticos ou que sejam propostas pelo professor em sala de aula.

Tais condições perpassam a oportunidade de maior interação entre os alunos, uma vez que eles podem jogar em duplas ou grupos menores, conhecerem-se melhor e sentirem reações boas ou não tanto uns dos outros, em consequência de uma melhor jogada ou não.

O ato de jogar traduz-se em uma boa oportunidade para os alunos vivenciarem, de maneira lúdica, a aprendizagem de um determinado conteúdo da Matemática de forma prazerosa e distraída, não dispensando o caráter educativo que ele promove.

E, quando o professor se utiliza do jogo em favor de uma aprendizagem efetiva, isto é, explorando o jogo em detalhes e em estreita conexão com o conteúdo subjacente a ele, de maneira mais direta, o ensino e a aprendizagem caminham lado a lado em prol de, juntos, obterem melhores resultados para o aprendizado da Matemática pelos alunos.

Pesquisas têm mostrado resultados surpreendentemente agradáveis, na grande maioria das vezes, após os alunos terem se acostumado a jogar um jogo didático algumas vezes e em prosseguimento o professor propor situações-problema que têm relação direta com o conteúdo do jogo em si.

Mas, para que isso ocorra é importante que o jogo tenha propósitos didáticos bem definidos, as regras estejam claras para todos os jogadores, e o seu jogar não pode constituir-se em uma diversão, apenas.

De modo subliminar, o jogo deve apresentar condições para que os jogadores se apropriem de um conceito ou de um conteúdo da Matemática, e faça com que raciocinem, antes de tomar uma decisão em relação à jogada que irão fazer em seguida.

Assim, durante todo o desenrolar do jogo o aluno tem de estar raciocinando, de modo que, conscientemente, ao chegar a sua vez de jogar possa tomar uma adequada, boa e consistente decisão (fazer uma jogada), a qual espera seja ela oportuna e útil para deixar o seu oponente em uma situação embaraçosa e pavimente o seu caminho rumo a vitória.

Se espera, também, que as ações conscientes de raciocinar para a tomada de uma decisão sejam importantes para que os estudantes, mais adiante, possam vir a mobilizá-las no sentido de melhor compreenderem acerca da fundamentação das ideias pertinentes aos conceitos, estratégias e procedimentos, em consonância com o conteúdo objeto do jogo bem como para ajudá-los na resolução de problemas correlatos.

Salientamos, pois, e mais uma vez, a importância que o jogo didático tem no tocante ao conhecimento, no sentido de oportunizar ao aluno que possa melhorar o processo de aprendizagem do conteúdo matemático subjacente ao jogo. Também, agora no tocante ao professor, a oportunidade que o jogo apresenta de favorecer a busca por mecanismos que contribuem para a melhoria do seu trabalho docente.

Assim, o jogo torna-se uma ferramenta pedagógica que oportuniza a apropriação de conhecimento pelo aluno (e também, pelo professor); permite a internalização e o desenvolvimento de conceitos matemáticos; serve como um instrumento de auxílio na resolução de problemas com conteúdo matemático, e oferece a oportunidade de o professor conhecer mais de perto como o seu aluno pensa e como ele avalia as possibilidades de jogo, de que modo, de posse das possibilidades, como ele toma uma decisão (faz uma jogada) de maneira consciente.

Assim, se espera que o jogo permita ao professor poder cumular tais experiências com a proposição e o acompanhamento dos jogos juntamente com os seus alunos para o seu dia a dia na docência, de modo que a partir dos jogos possa melhor filtrar tudo o que venha a ajudá-lo nas tomadas de decisão relacionadas com o seu fazer pedagógico.

Fato é, que o jogo é uma forma proveitosa e direta de o professor acompanhar mais de perto as reações dos seus alunos diante das adversidades inerentes a todo e qualquer jogo. E a oportunidade de o professor conhecer também como eles se comportam para tentar superá-las, bem como o modo como cada um pensa e age diante de tal necessidade.

2.2 Contribuições dos jogos para o ensino e a aprendizagem de Probabilidade com alunos da Educação Básica

Diversos documentos curriculares, como os Parâmetros Curriculares Nacionais (PCN) e a Base Nacional Comum Curricular (BNCC), e artigos científicos de pesquisadores da área de Educação Matemática têm defendido o uso do jogo em sala de aula como um recurso didático que possibilita o desenvolvimento de diferentes formas de raciocinar.

Os pesquisadores defendem que o trabalho docente do professor de Matemática é favorecido, direta e indiretamente, por meio do jogo didático, uma vez que ao propor um jogo didático ele contribui para a apropriação e o desenvolvimento de conhecimentos acerca de conceitos matemáticos pelos seus alunos. Entretanto, não basta propor um jogo em que o aluno apenas se divirta, e dele não extraia conhecimento. Isto é, não podemos considerar que a proposição de um jogo revista-se da ideia de que ele seja "o jogo pelo jogo, uma simples diversão e mais nada além de apenas isso".

Assim, de modo que um jogo possa caracterizar-se como um recurso auxiliar do professor no ensino e na aprendizagem da Matemática escolar, é imprescindível que tal jogo faça o jogador pensar para tomar uma decisão: a jogada que ele vai fazer em seguida, e os desdobramentos de ter tomado tal decisão e não outra. Isto é, o jogo precisa apresentar desafios a todos os que o jogam, de modo que para vencer o jogo um jogador precise superar tais desafios por meio do estabelecimento de estratégia (s) proativa (s) que permitam-no sair vencedor. E não considere ser o jogo apenas mais uma diversão, dentre tantas outras que possivelmente ele conhece.

É claro que a diversão é um componente importante para o desenrolar do jogo, mas apenas a diversão não pode ser o mote que motive o professor para vir a elaborar e propor um jogo didático aos seus alunos.

Ademais é possível que, ao elaborarem estratégias pessoais para vencer um jogo, os alunos igualmente as compartilhem com os colegas do seu "time/dupla/grupo" e, em algum momento posterior ao jogo, também compartilhem com os colegas que foram seus oponentes, quando da disputa do jogo.

Invariavelmente, enquanto partilham variadas estratégias pessoais de jogo, os alunos criam uma atmosfera agradável de trocas, reflexões e questionamentos entre si, que os levam a uma ampliação conceitual acerca dos conhecimentos matemáticos subjacentes ao jogo em si, os quais, subliminarmente, estavam presentes durante todo o desenrolar do jogo.

O jogo favorece, pois, o trabalho em grupo, a descoberta, a partilha de saberes e a ampliação da aprendizagem de um novo conteúdo matemático que nele esteja presente - estendendo-se ao desenvolvimento de competências que visam preparar cada um dos jogadores para competir no jogo, de modo mais claro e eficiente. O jogo também possibilita:

- O exercício constante do pensamento (raciocínio) probabilístico;
- A análise de possibilidades, de modo que seja possível fazer a "combinação" de objetos com o propósito de formar o espaço amostral;
- Fazer reflexões para as tomadas de decisão;
- Levantar hipóteses que tenham sido objeto de discussões coletivas e, se necessário, fazer testes de hipóteses;
- A ampliação do debate acerca da descoberta de estratégias de jogo, que visam melhorar a compreensão e a apropriação de conceitos e de hábitos;
- Levar os jogadores envolvidos a atitudes que têm relação com o hábito e o desenvolvimento de ações que são pertinentes ao processo de argumentação.

Portanto, ressaltamos mais uma vez o quanto um jogo didático pode favorecer o trabalho de um professor no tocante a apresentação e o desenvolvimento de ferramentas concernentes ao ensino e a aprendizagem de um conteúdo matemático, por meio dele e a partir dele.

Em particular, o ensino e a aprendizagem de probabilidades em conjunto com o ensino e a aprendizagem de análise combinatória, desde os anos iniciais do ensino fundamental.

Também ressaltamos que o bom uso de um jogo didático e a sua adequada exploração, pode contribuir para o professor melhorar os seus instrumentos observacionais em relação ao rendimento e os conhecimentos matemáticos de seus alunos de maneira mais amiúde.

Tudo isso, porque o jogo didático permite ao professor conhecer melhor as dificuldades dos seus alunos e as interpretações que eles fazem quando da leitura do enunciado de um problema probabilístico, por exemplo.

Também, em relação às fragilidades conceituais que porventura os alunos possam vir a ter - mais facilmente identificáveis, durante o jogo -, bem como as concepções e as crenças que cada um deles tem a respeito do conhecimento matemático objeto do jogo, e em relação às atividades que devem se seguir ao seu desenrolar.

Com base em todas essas informações, o professor deve refletir acerca de quais conhecimentos e competências terá de considerar para poder ajudar os seus alunos a superarem as dificuldades que eles têm em relação ao conhecimento matemático envolvido. E assim, contribuir para a melhoria do rendimento escolar dos estudantes e do ensino da Matemática como um todo.

Entendemos que o ensino e a aprendizagem de probabilidades não pode ser esquecido ou negligenciado na escola (também, o ensino e a aprendizagem de análise combinatória e o ensino e a aprendizagem de estatística). Precisa sim, que sejam desenvolvidos desde os anos iniciais do ensino fundamental segundo as orientações que se acham presentes na Base Nacional Comum Curricular (BNCC) nesse sentido e nos currículos estaduais e municipais, que foram elaborados a partir de então, e que nela têm respaldo.

Tal consideração ganha vulto, quando estendemos todas essas preocupações e motivações para o cotidiano do professor, o mundo do trabalho e as nossas vidas.

No Capítulo 3, apresentamos alguns jogos concernentes ao estudo de probabilidade, os quais podem ser utilizados com alunos da Educação Básica, alunos do Ensino Superior: na formação inicial de professores que vão ensinar Matemática a alunos da educação básica, ou na formação continuada de professores em serviço.

Capítulo 3

Jogos para o Ensino e a Aprendizagem de Probabilidade no Ensino Básico

Os jogos que serão apresentados neste capítulo foram pensados e planejados com o propósito de permitir que o aluno mobilize o raciocínio probabilístico, e exercite as competências que foram listadas acima.

Eis a relação dos jogos que serão objeto deste capítulo:

- O jogo 1.2 explora os resultados das somas entre os valores mostrados nas faces voltadas para cima quando se joga 2(dois) dados distintos e "honestos", com 6 faces em cada, de modo que os alunos construam o espaço amostral e identifiquem as relações entre os eventos, próprios a este evento aleatório.
- O jogo 1.3 explora os resultados das diferenças positivas entre os valores mostrados nas faces voltadas para cima quando se joga 2(dois) dados distintos e "honestos", com 6 faces em cada, de modo que os alunos construam o espaço amostral e identifiquem as relações entre os eventos, próprios a este evento aleatório.
- O jogo 1.4 explora os resultados dos produtos entre os valores mostrados nas faces voltadas para cima quando se joga 2(dois) dados distintos e "honestos", com 6 faces em cada, de modo que os alunos construam o espaço amostral e identifiquem as relações entre os eventos, próprios a este evento aleatório.
- O jogo 1.5 explora o conhecimento acerca do cálculo de probabilidades em eventos simples ou compostos no universo de experimentos aleatórios cotidianos.
- O jogo 1.6 explora a resolução de problemas em que a competência requerida são os conhecimentos acerca do cálculo de probabilidades em eventos simples ou compostos, no universo de experimentos aleatórios cotidianos.

3.1 Jogo "Lançamento de 2 (dois) dados ao chão, e avaliar somas"

Acertar os resultados de somas entre as quantidades de "bolinhas" mostradas nas faces voltadas para cima, quando 2 (dois) dados distintos e "honestos" são jogados ao chão por vez.

I. Objetivos do jogo

O objetivo deste jogo é o de oportunizar a avaliação das possibilidades existentes entre os somatórios obtidos com os 2 (dois) valores (quantidade de "bolinhas") mostrados nas faces de 2 (dois) dados "honestos" lançados, simultaneamente, ao chão.

Para tal, o jogo possibilita que cada jogador estabeleça sua estratégia pessoal no tocante à livre opção de fazer suas apostas, rodada a rodada, de modo que o jogador se comporte como um jogador proativo - um jogador que visa vencer o jogo.

Ao mesmo tempo em que os somatórios possíveis são avaliados e computados por cada jogador, o jogo permite avaliar os somatórios que têm maiores chances, os que têm menores chances e os que têm chances intermediárias de ocorrer.

Tendo sido jogado por algumas rodadas, o jogo oportuniza ao jogador reunir condições para listar todas as possibilidades de resultados relativos aos somatórios, bem como a frequência com que cada um deles pode ocorrer.

II. Organização dos alunos em sala

Alunos separados em duplas, de modo que um jogador possa competir com o outro, e a presença de um terceiro aluno que vai atuar como fiscal do jogo. A cada jogo concluído, um novo aluno, dentre os 3 (três), exerce a posição de fiscal do jogo.

III. Recursos materiais necessários ao desenvolvimento do jogo e registros que precisam ser feitos no desenrolar do jogo

Material necessário: uma ficha, contendo as instruções do jogo; uma cartela que o fiscal do jogo deve preencher de modo que possa fazer o registro das apostas e os resultados obtidos, rodada a rodada, dos 2 (dois) jogadores; 20 (vinte) discos na cor vermelha e 20 (vinte) discos na cor preta, confeccionados em cartolina, papelão ou E.V.A., como mostra a Figura 3, a seguir, e 2 (dois) dados distintos e "honestos": um dado de cor vermelha e outro dado de cor branca (ou então, um dado de tamanho grande e outro dado de tamanho pequeno).

Os discos poderão ser confeccionados em cartolina, papelão ou E.V.A.

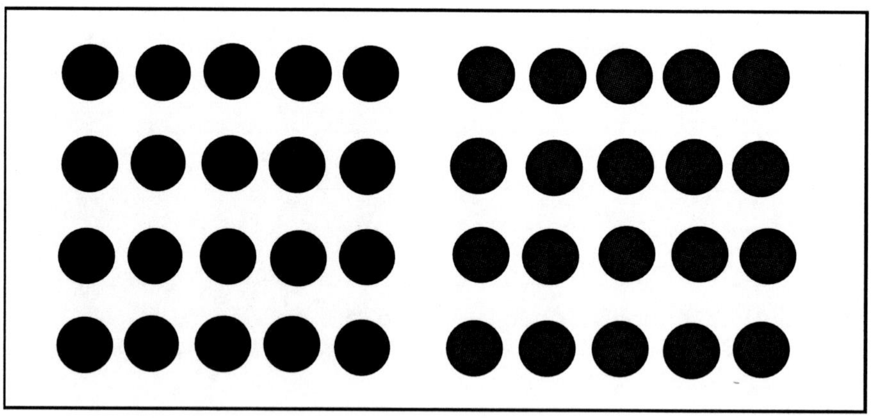

Usar 2(dois) dados distintos: um de tamanho grande e o outro de tamanho pequeno.
ou um dado de cor branca e o outro de cor preta, por exemplo.

Figura 3: Discos a serem utilizados no jogo. Fonte: o autor.

IV. Orientações quanto às regras do jogo (professor e alunos devem ler com atenção)

1. O jogo requer o uso de 2 (dois) dados "honestos": um de cor branca e outro de cor preta ou um de tamanho maior e outro de tamanho menor. Inicialmente, os 2 (dois) jogadores participam de uma competição tipo "par" ou "ímpar", de modo que se conheça a sequência segundo a qual os jogadores vão jogar os 2 (dois) dados ao chão.

O vencedor da disputa inicia o jogo, jogando os 2 (dois) dados. Na 2ª rodada, o outro jogador joga os dados ao chão e, na 3ª e última rodada, é o fiscal quem joga os dados.

O jogo tem duração máxima de 3 (três) rodadas, findas as quais se conhecerá o vencedor, ou poderá haver empate. Neste caso, será necessário que o jogo tenha continuidade por mais 3 (três) rodadas.

2. Cada jogador recebe uma ficha tal qual a que é mostrada nas Figuras 4 e 5 (frente e verso), a seguir, para utilizar durante cada jogo. Os jogadores têm liberdade para fazer a (s) aposta (s) com a escolha, no máximo, de 5 (cinco) somas, como mostrado na Figura 4, a seguir.

Os discos são distribuídos por entre a (s) aposta (s) feita (s), não havendo a obrigatoriedade de fazer uso de todos os 20 discos na rodada inicial ou de qualquer quantitativo de discos, inclusive os 20 discos, em qualquer uma das demais rodadas.

Vista da frente de uma tira de apostas, identificando as apostas feitas pelo jogador A, nas 3 rodadas de cada jogo.

Rodada 1	SOMA:	SOMA:	SOMA:	SOMA:	SOMA: ....
Total de discos					
Rodada 2	SOMA:	SOMA:	SOMA:	SOMA:	SOMA: ....
Total de discos					
Rodada 3	SOMA:	SOMA:	SOMA:	SOMA:	SOMA: ....
Total de discos					

Cada ficha contém 5 retângulos, onde poderão ser registradas as opções de apostas.
Não é obrigatório o preenchimento de todos os retângulos, a cada rodada.

Figura 4: Vista da frente de uma tira de apostas, Jogo 1. Fonte: o autor.

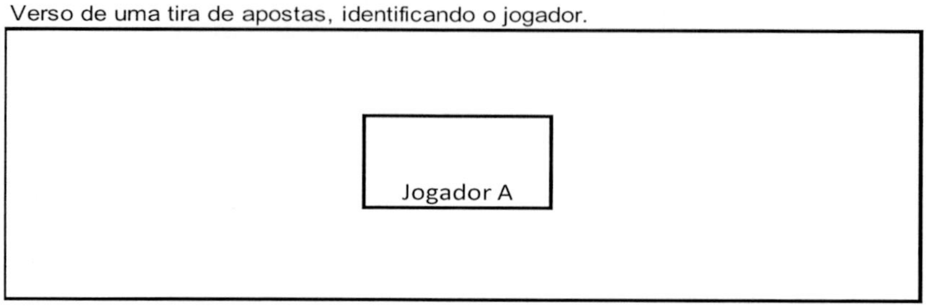

Figura 5: Vista do verso de uma tira de apostas, Jogo 1. Fonte: o autor.

3. Após os dados serem jogados ao chão, ao final da primeira rodada, se um jogador tiver apostado seus 20 discos em uma única opção e a sua aposta for vencedora, o jogo termina e ele é considerado o vencedor, a menos que o seu adversário tenha feito a mesma aposta e com o uso de seus 20 discos.

Neste caso, está configurado um empate, e será necessário iniciar um novo jogo, com até 3 (três) rodadas. Esta opção apenas é válida para as apostas feitas na primeira rodada, com as apostas que utilizaram todos os 20 discos.

Caso os jogadores ainda tenham discos em mãos para continuarem apostando (mesmo que um deles tenha sido o vencedor da primeira rodada, mas não tenha utilizado todos os 20 discos nessa aposta vencedora), dá-se início à segunda rodada.

De modo similar ao que ocorreu na primeira rodada, cada jogador tem a liberdade de escolher até 5 (cinco) novas opções de resultados, ou não, e fazer nova (s) aposta (s) com os discos que sobraram da rodada anterior.

Finda a segunda rodada, se um jogador tiver apostado seus 20 discos (ou todos os discos que lhe restavam apostar) em uma única opção e a sua aposta for vencedora o jogo termina e ele é considerado vencedor, desde que o seu oponente não tenha feito a mesma aposta e com o mesmo quantitativo de discos.

Para a situação em que ambos fizeram a mesma aposta e esta foi vencedora, será considerado vencedor aquele que mais vezes acertou, até o final daquela rodada.

Mas, se ainda persistir o empate, será considerado vencedor o jogador que primeiro teve uma aposta vencedora.

A exemplo das 2 (duas) primeiras rodadas, caso os jogadores ainda tenham discos em mãos para apostar dá-se início à terceira e última rodada.

Nessa rodada, cada jogador também tem liberdade para escolher até 5 (cinco) novas opções de resultados ou não e pode fazer nova (s) aposta (s), com os discos que sobraram da rodada anterior.

Ao final da terceira e última rodada, em caso de não ter havido uma aposta vencedora considera-se vencedor o jogador que tenha em mãos a menor quantidade de discos de apostas.

Em caso de igualdade de discos entre os jogadores será vencedor o jogador que primeiro tenha acertado um resultado com o maior número de discos apostados. Mas, se ainda assim persistir o empate, um novo jogo deverá ser disputado.

4. Cada jogador também recebe um quantitativo de 20 (vinte) discos para fazer as suas apostas, rodada a rodada, como mostra a Figura 6, a seguir.

Os discos poderão ser confeccionados em cartolina, papelão ou E.V.A.

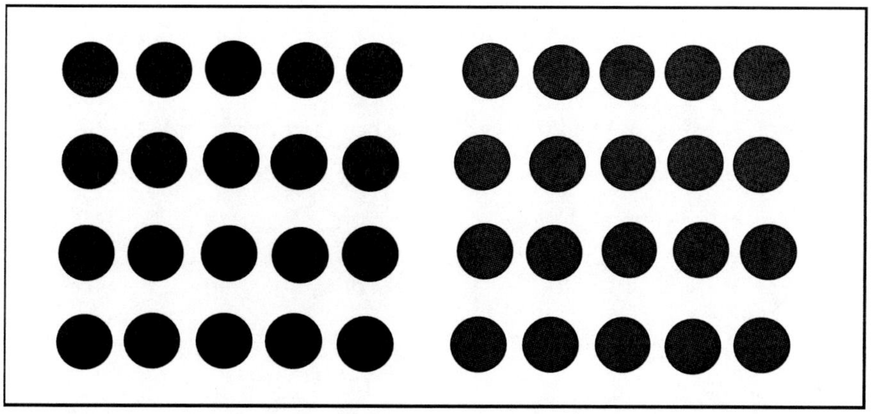

Figura 6: Discos utilizados por cada jogador (na totalidade ou não), para comunicar os quantitativos de discos utilizados para fazer as suas apostas, rodada a rodada. Fonte: o autor.

5. As Figuras 7 e 8, a seguir, apresentam as vistas de frente de 2 (duas) possíveis fichas de apostas dos jogadores A e B - as quais devem ser preenchidas pelos 2 (dois) jogadores a cada rodada. Em prosseguimento do jogo, e a cada rodada, as fichas devem ser entregues ao fiscal do jogo.

Jogador A

Rodada 1	SOMA: 9	SOMA: 11	SOMA:	SOMA:	SOMA: ....
Total de discos	**6**	**8**			
Rodada 2	SOMA: 7	SOMA:	SOMA:	SOMA:	SOMA: ....
Total de discos	**14**				
Rodada 3	SOMA: 6	SOMA: 7	SOMA: 11	SOMA:	SOMA: ....
Total de discos	**3**	**8**	**3**		

Figura 7: Vista de frente da ficha de apostas do jogador A. Fonte: o autor.

Jogador B

Rodada 1	SOMA: 7	SOMA: 10	SOMA:11	SOMA:	SOMA: ....
Total de discos	**6**	**8**	**8**		
Rodada 2	SOMA: 7	SOMA: 8	SOMA: 9	SOMA: 10	SOMA: 11
Total de discos	**6**	**4**	**4**	**4**	**2**
Rodada 3	SOMA: 6	SOMA: 7	SOMA: 11	SOMA:	SOMA: ....
Total de discos	**4**	**10**	**6**		

Figura 8: Vista de frente da ficha de apostas do jogador B. Fonte: o autor.

6. Cada disco representa 1 (um) ponto a ser apostado. Os discos serão utilizados para mostrar ao adversário e ao fiscal do jogo os quantitativos de discos apostados em cada soma (as apostas de cada jogador), rodada a rodada,

durante o desenrolar do jogo.

O (s) quantitativo (s) da (s) soma (s), objeto das apostas não deve ser divulgado. Apenas é preciso fazer a distribuição dos discos.

7. Com base nas apostas feitas pelos jogadores A e B, por ocasião de cada rodada, cada um deles deve arrumar os quantitativos de discos utilizados para as apostas sobre a mesa de jogo, em consonância com os registos feitos na respectiva ficha de apostas entregue ao fiscal do jogo, como mostra a Figura 9, a seguir. A Figura 9 mostra-nos as apostas que foram feitas pelos jogadores A e B por ocasião da 1ª rodada:

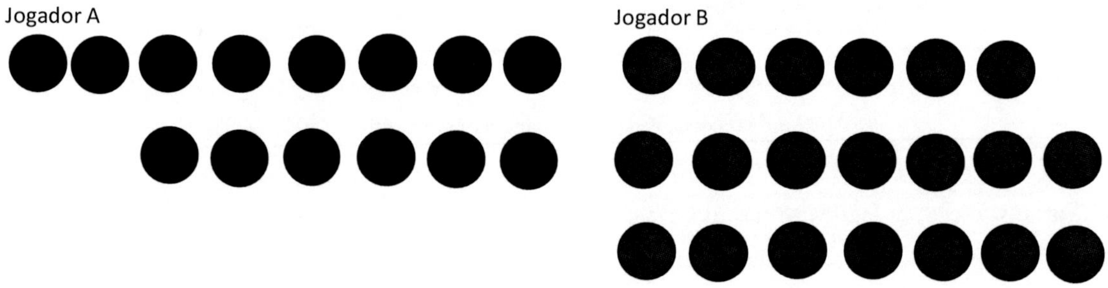

Figura 9: Distribuição dos discos, após as apostas feitas pelos jogadores A e B na 1ª rodada. Fonte: o autor.

8. Os participantes (jogadores e fiscal do jogo) devem observar as faces voltadas para cima dos 2 (dois) dados jogados ao chão, simultaneamente, e quantificar a produto entre as quantidades de "bolinhas" mostradas, a cada rodada. Esse resultado é, então, anotado pelo fiscal do jogo em sua ficha e, se for o caso, um ou mais discos devem ser retirados do jogo.

9. Com base nas apostas feitas pelos jogadores A e B, rodada a rodada, o fiscal do jogo preenche uma ficha como a que é mostrada na Figura 10, a seguir, de modo que possa acompanhar o desenrolar do jogo e se certificar que as apostas feitas estão em consonância com a quantidade de discos disponíveis para cada jogador, rodada a rodada.

De maneira que se possa explicitar as regras do jogo simulamos os resultados de um hipotético jogo com a ficha de resultados, como mostrada na Figura 10, a seguir.

Nesta simulação, o jogador B foi o vencedor.

1a Rodada

Quantidades de discos disponíveis para a Aposta 1 - Jogador A	20
Quantidades de discos disponíveis para a Aposta 1 - Jogador B	20
Resultado da 1a rodada	Soma =
Acumulado - Jogador A	......14.......
Acumulado - Jogador B	......20........

..... 4 ...... + ... 3 ...... = ... 7 ....

2a Rodada

Quantidades de discos disponíveis para a Aposta 2 - Jogador A	14
Quantidades de discos disponíveis para a Aposta 2 - Jogador B	20
Resultado da 1a rodada	Soma =
Acumulado - Jogador A	......14......
Acumulado - Jogador B	......20........

..... 1 ...... + ... 1 ...... = ... 2 ....

3a Rodada

Quantidades de discos disponíveis para a Aposta 3 - Jogador A	14
Quantidades de discos disponíveis para a Aposta 3 - Jogador B	20
Resultado da 1a rodada	Soma =
Acumulado - Jogador A	**..... 4 ....**
Acumulado - Jogador B	**...... 12 ..... Vencedor**

..... 1 ...... + ... 6 ...... = ... 7 ....

Figura 10: Ficha de controle do fiscal da partida, preenchida com base nas apostas feitas. Fonte: o autor.

10. Vamos detalhar os registros apontados na ficha de controle do fiscal, como mostrado na Figura 10, acima, de modo que o leitor compreenda como eles foram feitos:

* Na primeira rodada, as faces dos 2 (dois) dados mostraram os valores 4 e 3. Assim, o resultado da soma é 7 (4 + 3). O jogador B acertou a aposta de soma que fez, com a aposta de 6 discos.

Portanto, o número de discos que o jogador B apostou (um total de 6) deverá ser subtraído do número de discos do jogador A, fazendo com que o jogador A disponha de 14 discos para fazer as suas apostas na 2ª rodada, enquanto o jogador B disponha dos mesmos 20 discos.

Após fazer o registro em sua ficha, o fiscal da partida toma para si os 6 (seis) discos do jogador A, deixando-o com apenas 14 discos em mãos para iniciar as apostas na 2ª rodada. Observe que, se um dos jogadores tivesse apostado todos os seus 20 discos em determinada soma e o resultado da soma com os valores mostrados nas faces dos 2 (dois) dados fosse exatamente o valor que foi apostado por esse jogador, o jogo terminaria já ao fim da 1ª rodada.

* Na 2ª rodada, o resultado da soma foi 2 (1 + 1). Como nenhum jogador fez aposta nesse resultado, não houve ganhador.

Portanto, para a 3ª rodada cada um dos jogadores permanece com os mesmos quantitativos de discos, a saber: jogador A com 14 discos e jogador B com 20 discos.

* Na 3ª rodada, o resultado da soma foi 7 (1 + 6). O jogador A acertou a aposta que fez nesse valor de soma com a aposta de 8 discos.

Portanto, o número de discos que o jogador A apostou (um total de 8) deverá ser subtraído do número de discos do jogador B, fazendo com que o jogador B fique com 12 discos. Nesse momento, o fiscal do jogo toma para si o total de 8 discos do jogador B.

Por outro lado, o jogador B também acertou a aposta que fez, nesse mesmo valor de soma, com a aposta de 10 discos.

Assim, o número de discos que o jogador B apostou (um total de 10) deverá ser subtraído do número de discos do jogador A, fazendo com que o jogador A fique com 4 discos. Nesse momento, o fiscal do jogo toma para si o total de 10 discos do jogador A.

Como resultado final, após a 3ª rodada, o jogador A ficou com 4 discos e o jogador B ficou com 12 discos. Sendo assim, o jogador B é o vencedor do jogo.

V. Explorando algumas possíveis variações do jogo e a proposição de problemas

Existe, também, a possibilidade de o jogo ser disputado sem a necessidade da presença de um fiscal de jogo, o que daria mais autonomia aos alunos nas disputas entre si.

Para explorar ainda mais o conteúdo probabilidade, presente no jogo, o professor pode pedir aos alunos que eles joguem algumas vezes: 3 ou 4 vezes, pelo menos.

Entretanto, também é recomendável pedir aos alunos que resolvam alguns problemas que tenham relação direta com a temática, a partir do jogo. Além do mais, que eles produzam algum registro que mostre o quanto eles aprenderam com o jogo.

Ou ainda, em momento mais adiante, que os alunos produzam novos problemas e novos jogos na mesma linha deste jogo. Por exemplo, um jogo que utilize 3(três) moedas jogadas ao chão, uma de cada vez, e as apostas recaírem sobre determinadas sequências de faces observadas nas faces voltadas para cima.

VI. Alunos comunicando a aprendizagem

Recomenda-se ao professor que possibilite aos alunos mostrarem o que aprenderam com o jogo, por meio de algumas situações, dentre as quais sugerimos:

(a) a proposta de os alunos criarem atalhos para o desenrolar desse particular jogo, de modo que um jogador seja bem-sucedido.

(b) a proposta de o professor pedir que os alunos façam uma pesquisa acerca da curva normal, com as características associados ao jogo.

(c) que os alunos construam um gráfico de barras com as frequências em que as somas dos valores mostrados nas faces voltadas para cima comparecem no experimento aleatório, no eixo vertical, e no eixo horizontal os indicativos das somas possíveis, de 2 a 12.

(d) a criação de problemas a partir da problemática presente no jogo e a proposta para que outros colegas os resolvam, com a possibilidade de poderem vir a fazer modificações nos textos, de maneira que fiquem mais claros e efetivos, se for o caso.

Colaborando com essa sugestão, os alunos podem propor questões escrevendo-as em "tiras de papel" ou em "cartões em E.V.A" e as colocarem em uma caixa de modo que sejam sorteadas uma a uma à medida que todos os alunos as resolvam.

Em seguida, o professor pode propor reflexões e discussões entre os alunos acerca das respostas por eles apresentadas de maneira que as resoluções corretas sejam validadas e, se necessário, sejam feitas modificações nas respostas incompletas ou que contenham algum erro.

Esses momentos têm o propósito de motivar os alunos a resolverem outros problemas, e a validarem escolhas relativas a estratégias de resolução pertinentes às situações presentes no jogo.

A sugestão é que o professor atue como mediador das discussões, mas se achar necessário pode/deve propor questões não contempladas pelos alunos. Por exemplo, perguntado: Vocês acham que o jogo é justo? Ou seja, que os 2 (dois) jogadores têm chances iguais de vencer o jogo?

Com o propósito de conhecer como é o entendimento do conceito probabilidade pelos alunos, segundo Bryant, P. e Nunes, T. (2012), o professor pode propor problemas.

* De modo que possa conhecer como os alunos compreendem a natureza e as consequências do uso do conceito de aleatoriedade no dia a dia, o professor pode propor problemas como os apresentados a seguir:

1. Ana e Bia jogam, cada uma e ao mesmo tempo, 2 (dois) dados diferentes com 6 faces cada ao chão. Qual das duas amigas tem chance de obter 8 como resultado da soma entre os valores mostrados nas faces voltadas para cima? Por que você acha isso?

2. Ana e Bia conversam sobre jogar 2 (dois) dados distintos com 6 faces ao chão. Ana acha que a soma igual a 5 entre os valores mostrados nas faces voltadas para cima tem chance maior de ser obtida que a soma igual a 1, mas Bia discorda de Ana. O você acha isso? Por quê?

* De modo que possa conhecer como os alunos compreendem a categorização de características dos elementos para vir a formar os espaços amostrais, o professor pode propor problemas como os apresentados a seguir:

1. Ana joga 2 (dois) dados diferentes com 6 faces em cada ao chão. Ela considera que a chance de obter 10 como resultado da soma entre os valores mostrados nas faces dos dados voltadas para cima é igual à chance que se tem para obter soma igual a 12. Você concorda ou discorda de Ana? Por que você acha isso?

2. Ana e Bia conversam sobre jogar 2 (dois) dados distintos com 6 faces ao chão. Ana acha que obter soma igual a 10 entre os valores mostrados nas faces voltadas para cima é mais difícil ocorrer que a soma igual a 11, mas Bia discorda de Ana. O você acha disso? Por quê?

3. Quando se joga 2 (dois) dados distintos e "honestos" ao chão, quantos resultados são possíveis obter para a soma entre as quantidades de "bolinhas" mostradas nas faces voltadas para cima?

* De modo que possa conhecer como os alunos estabelecem e entendem correlações entre eventos em um espaço amostral, relacionando-os entre si, o professor pode propor problemas como os apresentados a seguir:

1. Ana e Bia conversam sobre jogar 2 (dois) dados distintos com 6 faces ao chão, e fazem uma aposta que vale 1(um) refrigerante, a ser pago na cantina do colégio. Ana acha que obter soma igual a 2 entre os valores mostrados nas faces voltadas para cima é mais difícil ocorrer que a soma igual a 12, mas Bia discorda de Ana. O você acha disso? Por quê?

2. Ana está refletindo sobre jogar 2 (dois) dados distintos com 6 faces ao chão. Ela acha que obter soma menor que ou igual a 6 entre os valores mostrados nas faces voltadas para cima é mais difícil ocorrer que obter soma maior que ou igual a 6. O você acha disso? Por quê?

* De modo que possa conhecer como os alunos quantificam e comparam probabilidades, o professor pode propor problemas como os apresentados a seguir:

1. Ana e Bia conversam sobre jogar 2 (dois) dados distintos com 6 faces ao chão, e fazem uma aposta que vale 1(um) refrigerante, a ser pago na cantina do colégio. Ana acha que obter soma igual a 8 entre os valores mostrados nas faces voltadas para cima é mais fácil obter que a soma igual a 10, mas Bia discorda de Ana. O você acha disso? Por quê?

2. Ana e Bia conversam sobre jogar 2 (dois) dados distintos com 6 faces ao chão. Ana acha que obter soma entre os valores mostrados nas faces voltadas para cima igual a um múltiplo de 3 é maior que obter soma igual a um múltiplo de 4. O você acha disso? Por quê?

3. Ana disse para Carla que quando se joga 2 (dois) dados distintos e "honestos" ao chão ela deveria escolher uma soma de valor par pois, segundo ela, a chance de obter um resultado par é maior que quando se escolhe uma soma de valor ímpar. Ana está certa na sua sugestão? Promova uma discussão entre os seus colegas a esse respeito.

4. Quando se joga 2 (dois) dados distintos e "honestos" ao chão, há um resultado da soma entre as quantidades de "bolinhas" mostradas nas faces voltadas para cima que tem maior chance de ocorrer que as demais somas possíveis? Se sim, qual é esse resultado?

5. Qual chance é maior de ocorrer: resultado 3 ou resultado 11 para a soma entre as quantidades de "bolinhas" mostradas nas faces voltadas para cima, quando se joga 2 (dois) dados distintos e "honestos" ao chão?

É importante para o aluno - e para o professor - que ele faça os registros que considere melhor comunicarem os resultados, mesmo que estejam incorretos.

Tais resultados resultam de conjecturas e/ou crenças que os alunos têm acerca de conceitos que estão por detrás do jogo, fruto de experiências vivenciadas com o jogo em si. Possivelmente alguns estejam tendo a primeira experiência com o jogar dos dados ao chão e pensar a respeito dos resultados observáveis.

Também, experiências em relação às reflexões que experimentam a respeito dos resultados mostrados nas faces dos dados voltadas para cima e outras experiências escolares, mas que ainda não foram apropriados por eles até aquele momento.

Agora vamos propor que você jogue um jogo diferente deste jogo, em que apenas você é o jogador:

"Se você joga 2 (dois) dados distintos e "honestos" ao chão, e o resultado da soma entre os valores mostrados nas faces voltadas para cima for igual a 8 você já é considerado perdedor.

Mas se o resultado for 4, você ainda tem 1 (uma) ou mais chances de tentar sair vencedor, desde que siga a seguinte orientação: você jogou os 2 (dois) dados ao chão e a soma dos valores mostrados nas faces voltadas para cima apresentou resultado igual a 4.

Nesse caso, e apenas nesse caso, você tem a chance de jogar os dados outra vez ao chão.

Se na próxima vez que jogar os dados ao chão você obtiver como soma o valor 4 você é vencedor, mas se o resultado for 8 você já é considerado perdedor.

Qualquer outro resultado para a soma que seja diferente de 4 e de 8 lhe dá ainda o direito de continuar tentando para ver se consegue sair vencedor".

Pergunta-se: Você joga os 2 (dois) dados ao chão e o resultado da soma entre os valores mostrados nas faces voltadas para cima apresenta como resultado o valor 4. A partir daí, qual a probabilidade de você sair vencedor nesse jogo?

VII. Variações do jogo

Depois de jogar algumas vezes esse jogo, é sugerido que o professor peça aos alunos que explorem as peças utilizadas no jogo, o seu objetivo, e proponha problematizações a partir dele.

Dentre as problematizações, independentemente de outras que venham a ser propostas pelo professor, sugerimos que ele incentive os alunos a construírem uma representação gráfica: uma tabela de dupla entrada ou uma árvore de possibilidades, com o propósito de mostrar todas as possibilidades de ocorrência das quantidades de "bolinhas" mostradas em cada uma das faces voltadas para cima dos 2 (dois) distintos dados, após estes terem sido jogados ao chão.

Igualmente, sugerimos que o professor incentive os jogadores a construírem uma tabela de frequências absolutas (também, uma tabela de frequências relativas) com as somas possíveis obtidas entre as quantidades de "bolinhas" mostradas nas faces voltadas para cima dos 2 (dois) dados, quando estes são jogados ao chão.

Oportuno, também, que o professor promova discussões com os alunos, relativamente ao experimento aleatório "jogar 2 (dois) dados ao chão e observar as faces voltadas para cima", acerca da vantagem e da desvantagem de tomar o espaço amostral de dois modos.

- O 1º modo, tendo como os seus elementos cada uma das *frequências absolutas entre cada um dos resultados das somas entre as quantidades de "bolinhas" mostradas nas faces voltadas para cima dos 2 (dois) dados;*
- *O 2º modo,* tendo como os seus elementos os resultados das somas, computadas de acordo com as possibilidades de resultados observáveis nas faces voltadas para cima.

3.2 Jogo "Lançamento de 2 (dois) dados ao chão, e avaliar diferenças positivas"

Acertar os resultados de diferenças positivas entre as quantidades de "bolinhas" mostradas nas faces voltadas para cima, quando 2 (dois) dados distintos e "honestos" são jogados ao chão, por vez.

I. Objetivos do jogo

O objetivo deste jogo é o de oportunizar a avaliação das possibilidades existentes entre as diferenças positivas, que podem ser obtidas com os 2 (dois) valores (quantidade de "bolinhas") mostrados nas faces de 2 (dois) dados "honestos" jogados, simultaneamente, ao chão.

Para tal, o jogo possibilita que cada jogador estabeleça sua estratégia pessoal de jogo, no tocante à livre opção de fazer suas apostas, rodada a rodada, de modo que o jogador se comporte como um jogador proativo - um jogador que visa vencer o jogo.

Ao mesmo tempo em que tais possibilidades das diferenças positivas são avaliadas e computadas por cada jogador, o jogo permite avaliar as diferenças positivas que têm maiores chances, as que têm menores chances e as que têm chances intermediárias de ocorrer.

Em algumas rodadas, o jogo oportuniza ao jogador reunir condições para listar todas as possibilidades de resultados possíveis relativos às diferenças positivas, bem como à frequência com que cada uma delas pode ocorrer.

II. Organização dos alunos em sala

Alunos separados em duplas, de modo que um jogador possa competir com o outro, e a presença de um terceiro aluno que vai atuar como fiscal do jogo. A cada jogo concluído, um novo aluno, dentre os 3 (três), exerce a posição de fiscal do jogo.

III. Recursos materiais necessários ao desenvolvimento do jogo e registros que precisam ser feitos no desenrolar da atividade

Material necessário: uma ficha, contendo as instruções do jogo; uma cartela a ser preenchida pelo fiscal do jogo de modo que possa fazer o registro das apostas e os resultados obtidos, rodada a rodada, dos 2 (dois) jogadores; 20 (vinte) discos na cor vermelha e 20 (vinte) discos na cor preta, confeccionados em cartolina, papelão ou E.V.A., como mostra-nos a Figura 11, a seguir, e 2 (dois) dados distintos e "honestos": um dado de cor vermelha e outro dado de cor branca (ou então, um dado de tamanho grande e outro dado de tamanho pequeno).

Os discos poderão ser confeccionados em cartolina, papelão ou E.V.A.

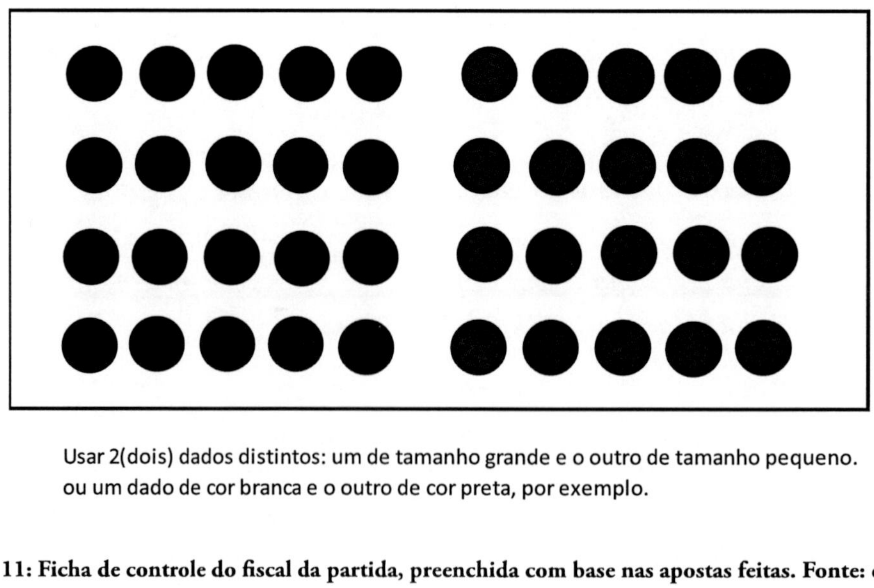

Usar 2(dois) dados distintos: um de tamanho grande e o outro de tamanho pequeno.
ou um dado de cor branca e o outro de cor preta, por exemplo.

Figura 11: Ficha de controle do fiscal da partida, preenchida com base nas apostas feitas. Fonte: o autor.

IV. Orientações quanto às regras do jogo (professor e alunos devem ler com atenção)

1. O jogo requer o uso de 2 (dois) dados "honestos": um de cor branca e outro de cor preta, ou um de tamanho maior e outro de tamanho menor. Inicialmente, os 2 (dois) jogadores participam de uma competição tipo "par" ou "ímpar", de modo que se conheça a sequência segundo a qual os jogadores vão jogar os 2 (dois) dados ao chão. O vencedor da disputa inicia o jogo, jogando os 2(dois) dados.

Na 2ª rodada, o outro jogador joga os dados ao chão e, na 3ª e última rodada, é o fiscal do jogo quem joga os dados.

O jogo tem duração máxima de 3 (três) rodadas, findas as quais se conhecerá o vencedor, ou poderá haver empate. Neste caso, será necessário que o jogo tenha continuidade por mais 3 (três) rodadas.

2. Cada jogador recebe uma ficha tal qual a que é mostrada nas Figuras 1 e 2 (frente e verso), a seguir, para utilizar durante cada jogo.

Os jogadores têm liberdade para fazer sua (s) aposta (s) com a escolha, no máximo, de 5 (cinco) diferenças positivas, como mostra-nos a Figura 12, a seguir.

Os discos são distribuídos por entre a (s) aposta (s) feita (s), não havendo a obrigatoriedade de fazer uso de todos os 20 discos na rodada inicial ou de qualquer quantitativo de discos, inclusive os 20 discos, em qualquer uma das demais rodadas.

Vista da frente de uma tira de apostas, identificando as apostas feitas pelo jogador A, nas 3 rodadas de cada jogo.

Rodada 1	DIFERENÇA:	DIFERENÇA:	DIFERENÇA:	DIFERENÇA:	DIFERENÇA: ....
Total de discos					
Rodada 2	DIFERENÇA:	DIFERENÇA:	DIFERENÇA:	DIFERENÇA:	DIFERENÇA: ....
Total de discos					
Rodada 3	DIFERENÇA:	DIFERENÇA:	DIFERENÇA:	DIFERENÇA:	DIFERENÇA: ....
Total de discos					

Cada ficha contém 5 retângulos, onde poderão ser registradas as opções de apostas.
Não é obrigatório o preenchimento de todos os retângulos, a cada rodada.

Figura 12: Vista de frente de uma tira de apostas. Fonte: o autor.

Verso de uma tira de apostas, identificando o jogador.

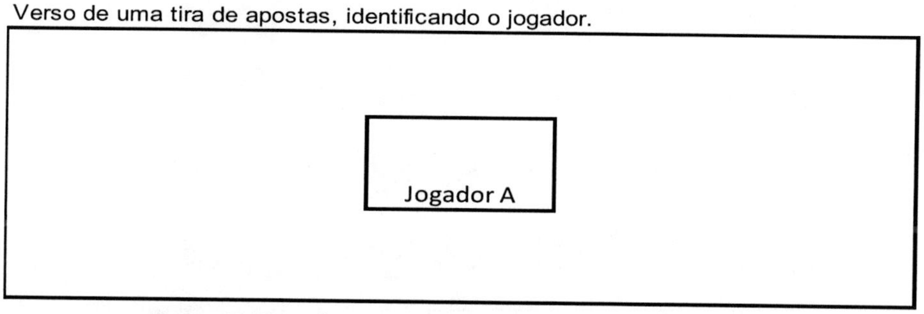

Figura 13: Vista de verso de uma tira de apostas. Fonte: o autor.

3. Após os dados serem jogados ao chão, ao final da primeira rodada, se um jogador tiver apostado seus 20 discos em uma única opção e a sua aposta for vencedora, o jogo termina e ele é considerado o vencedor, a menos que o seu adversário tenha feito a mesma aposta e com o uso de seus 20 discos.

Neste caso, está configurado um empate, e será necessário iniciar um novo jogo, com até 3 (três) rodadas. Esta opção é válida apenas para apostas feitas na primeira rodada e com a utilização de todos os 20 discos.

Caso os jogadores ainda tenham discos em mãos para continuarem apostando (mesmo que um deles tenha sido o vencedor da primeira rodada, mas não tenha utilizado todos os 20 discos nessa aposta vencedora), dá-se início à segunda rodada.

A exemplo da primeira rodada, cada jogador tem a liberdade de escolher até 5 (cinco) novas opções de resultados ou não, e fazer nova (s) aposta (s) com os discos que sobraram da rodada anterior.

Finda a segunda rodada, se um jogador tiver apostado seus 20 discos (ou todos os discos que lhe restavam apostar) em uma única opção, e a sua aposta for vencedora, o jogo termina e ele é considerado vencedor, desde que o seu oponente não tenha feito a mesma aposta e com o mesmo quantitativo de discos.

Para a situação em que ambos fizeram a mesma aposta e esta foi vencedora, será considerado vencedor aquele que mais vezes acertou, até o final daquela rodada. Mas, se ainda persistir o empate, será considerado vencedor o jogador que primeiro teve uma aposta vencedora.

A exemplo das 2 (duas) primeiras rodadas, caso os jogadores ainda tenham discos em mãos para apostar, dá-se início à terceira e última rodada.

Nessa rodada, cada jogador também tem liberdade para escolher até 5 (cinco) novas opções de resultados, ou não, e pode fazer nova (s) aposta (s), com os discos que sobraram da rodada anterior.

Ao final da terceira e última rodada, em caso de não ter havido uma aposta vencedora, o vencedor será o jogador que tenha em mãos a menor quantidade de discos de apostas.

Em caso de igualdade de discos entre os jogadores, será vencedor o jogador que primeiro tenha acertado um resultado com a maior quantidade de discos apostados. Mas, se ainda assim persistir o empate, um novo jogo deverá ser disputado.

4. Cada jogador também recebe um quantitativo de 20 (vinte) discos para fazer as suas apostas, rodada a rodada, como mostra a Figura 14, a seguir.

Os discos poderão ser confeccionados em cartolina, papelão ou E.V.A.

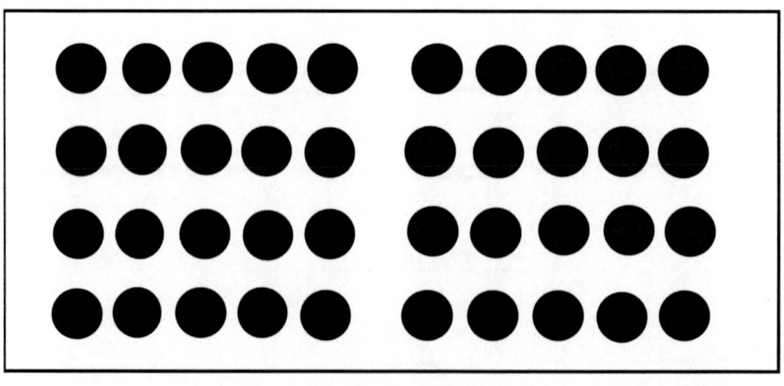

Figura 14: Discos utilizados por cada jogador (na totalidade ou não), para comunicar os quantitativos de discos utilizados para fazer as suas apostas, rodada a rodada. Fonte: o autor.

5. As Figuras 15 e 16, a seguir, apresentam as vistas de frente de 2 (duas) possíveis fichas de apostas dos jogadores A e B - as quais os dois jogadores devem preencher a cada rodada. Em prosseguimento, a cada rodada, as fichas devem ser entregues ao fiscal do jogo.

Jogador A

Rodada 1	DIFERENÇA: 0	DIFERENÇA: 3	DIFERENÇA:	DIFERENÇA:	DIFERENÇA: ....
Total de discos	**6**	**8**			
Rodada 2	DIFERENÇA: 2	DIFERENÇA:	DIFERENÇA:	DIFERENÇA:	DIFERENÇA: ....
Total de discos	**14**				
Rodada 3	DIFERENÇA: 1	DIFERENÇA: 2	DIFERENÇA: 3	DIFERENÇA:	DIFERENÇA: ....
Total de discos	**3**	**8**	**3**		

Figura 15: Vista de frente da ficha de apostas do jogador A. Fonte: o autor.

Jogador B

Rodada 1	DIFERENÇA: 1	DIFERENÇA: 3	DIFERENÇA:5	DIFERENÇA:	DIFERENÇA: ....
Total de discos	**6**	**8**	**8**		
Rodada 2	DIFERENÇA: 0	DIFERENÇA: 1	DIFERENÇA: 2	DIFERENÇA: 3	DIFERENÇA: 4
Total de discos	**6**	**4**	**4**	**4**	**2**
Rodada 3	DIFERENÇA: 1	DIFERENÇA: 3	DIFERENÇA: 5	DIFERENÇA:	DIFERENÇA: ....
Total de discos	**4**	**10**	**6**		

Figura 16: Vista de frente da ficha de apostas do jogador B. Fonte: o autor.

6. Cada disco representa 1 (um) ponto a apostar. Os discos serão utilizados para mostrar ao adversário e ao fiscal do jogo os quantitativos de discos apostados em cada diferença positiva (as apostas de cada jogador), rodada a rodada, durante o desenrolar do jogo.

O (s) quantitativo (s) da (s) diferença (s) positiva (s), objeto das apostas, não deve (m) ser divulgado (s). Apenas é preciso fazer a distribuição dos discos.

7. Com base nas apostas feitas pelos jogadores A e B, por ocasião de cada rodada, cada um deles deve arrumar os quantitativos de discos utilizados para as apostas sobre a mesa de jogo, em consonância com os registos feitos na respectiva ficha de apostas entregue ao fiscal, como mostra a Figura 17, a seguir.

A Figura 17 mostra-nos as apostas que foram feitas pelos jogadores A e B por ocasião da 1ª rodada:

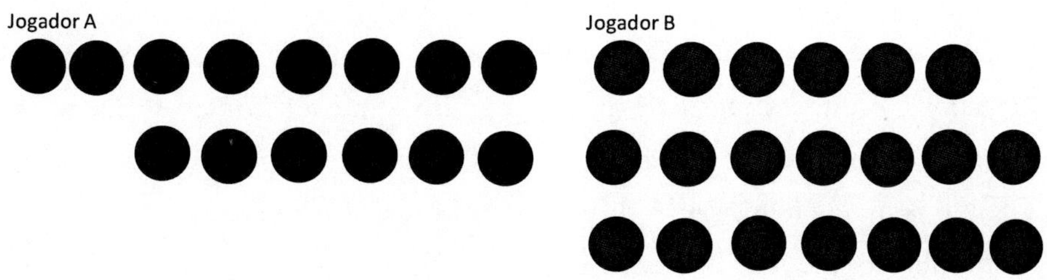

Figura 17: Distribuição dos discos, após as apostas feitas na 1ª rodada pelos jogadores A e B.

8. Os participantes (jogadores e fiscal do jogo) devem observar as faces voltadas para cima dos 2 (dois) dados jogados ao chão, simultaneamente, e quantificar o produto entre as quantidades de "bolinhas" mostradas, a cada rodada. Esse resultado é, então, anotado pelo fiscal do jogo em sua ficha e, se for o caso, um ou mais discos devem ser retirados do jogo.

9. Com base nas apostas feitas pelos jogadores A e B, rodada a rodada, o fiscal do jogo preenche uma ficha como a que é mostrada na Figura 18, a seguir, de modo que possa acompanhar o desenrolar do jogo e certificar-se de que as apostas feitas estão em consonância com a quantidade de discos disponíveis para cada jogador, rodada a rodada.

De maneira que se possa explicitar as regras do jogo simulamos os resultados de um hipotético jogo com a ficha de resultados como mostrado na Figura 18, a seguir. Nesta simulação, o jogador B foi o vencedor.

1a Rodada

Quantidades de discos disponíveis para a Aposta 1 - Jogador A	20	
Quantidades de discos disponíveis para a Aposta 1 - Jogador B	20	
Resultado da 1a rodada	Diferença =	..... 2 ...... - ..... 1 ...... = ... 1 ....
Acumulado - Jogador A	......14.......	
Acumulado - Jogador B	......20........	

2a Rodada

Quantidades de discos disponíveis para a Aposta 2 - Jogador A	14	
Quantidades de discos disponíveis para a Aposta 2 - Jogador B	20	
Resultado da 1a rodada	Diferença =	..... 6 ...... - ..... 1 ...... = ... 5 ....
Acumulado - Jogador A	......14.......	
Acumulado - Jogador B	......20........	

3a Rodada

Quantidades de discos disponíveis para a Aposta 3 - Jogador A	14	
Quantidades de discos disponíveis para a Aposta 3 - Jogador B	20	
Resultado da 1a rodada	Diferença =	..... 5 ...... - ..... 2 ...... = ... 3 ....
Acumulado - Jogador A	**..... 4 ....**	
Acumulado - Jogador B	**...... 17 ..... Vencedor**	

Figura 18: Ficha de controle do fiscal da partida, preenchida com base nas apostas feitas. Fonte: o autor.

10. Vamos detalhar os registros apontados na ficha de controle do fiscal, como mostrado na Figura 18, acima, de modo que o leitor possa compreender como eles foram feitos:

* Na primeira rodada, as faces dos 2(dois) dados mostraram os valores 1 e 2. Assim, o resultado da diferença positiva é 1 (2 - 1). O jogador B acertou a aposta de diferença positiva, que fez, com a aposta de 6 discos.

Portanto, o número de discos que o jogador B apostou (um total de 6) deverá ser subtraído do número de discos do jogador A, fazendo com que o jogador A disponha de 14 discos para fazer as suas apostas na 2ª rodada, enquanto o jogador B disponha dos mesmos 20 discos.

Após fazer o registro em sua ficha, o fiscal da partida toma para si os 6(seis) discos do jogador A, deixando-o com apenas 14 discos em mãos, para iniciar as apostas na 2ª rodada.

Observe que, se um dos jogadores tivesse apostado todos os seus 20 discos, em determinada diferença positiva, e o resultado da diferença positiva com os valores mostrados nas faces dos 2 (dois) dados fosse exatamente o valor que foi apostado por esse jogador, o jogo terminaria já ao fim da 1ª rodada.

* Na 2ª rodada, o resultado da diferença positiva foi 5 (6 - 1). Como nenhum jogador fez aposta nesse resultado, não houve ganhador.

Portanto, para a 3ª rodada, cada um dos jogadores permanece com os mesmos quantitativos de discos, a saber: jogador A com 14 discos e jogador B com 20 discos.

* Na 3ª rodada, o resultado da diferença positiva foi 3 (5 - 2). O jogador A acertou a aposta que fez nesse valor de diferença positiva com a aposta de 8 discos.

Portanto, o número de discos que o jogador A apostou (um total de 8) deverá ser subtraído do número de discos do jogador B, fazendo com que o jogador B fique com 12 discos.

Nesse momento, o fiscal do jogo toma para si o total de 8 discos do jogador B. Por outro lado, o jogador B também acertou a aposta que fez nesse mesmo valor de diferença positiva com a aposta de 10 discos.

Assim, o número de discos que o jogador B apostou (um total de 10) deverá ser subtraído do número de discos do jogador A, fazendo com que o jogador A fique com 4 discos.

Nesse momento, o fiscal do jogo toma para si o total de 10 discos do jogador A. Como resultado final, após a 3ª rodada, o jogador A ficou com 4 discos e o jogador B ficou com 12 discos. Sendo assim, o jogador B é o vencedor do jogo.

V. Explorando algumas possíveis variações do jogo e a proposição de problemas

Existe, também, a possibilidade de o jogo ser disputado sem a necessidade da presença de um fiscal de jogo, o que daria mais autonomia aos alunos nas disputas entre si.

Para explorar ainda mais o conteúdo probabilidade presente no jogo, o professor pode pedir aos alunos que eles joguem algumas vezes: 3 ou 4 vezes, pelo menos.

Entretanto, também é recomendável pedir aos alunos que resolvam alguns problemas que tenham relação direta com a temática, a partir do jogo.

Além do mais, também é recomendável pedir que eles produzam algum registro que mostre o quanto eles aprenderam com o jogo. Ou ainda, em um momento mais adiante, também é recomendável pedir que os alunos produzam novos problemas e novos jogos, na mesma linha do referido jogo.

Por exemplo:

(a) um jogo que utilize 3 (três) moedas jogadas ao chão, uma de cada vez, e as apostas recaírem sobre determinadas sequências de faces observadas nas faces voltadas para cima;

(b) o jogo que foi anteriormente descrito, com as mesmas regras, mas utilizando 2 (dois) dados distintos, cada um deles com 7 (sete) faces;

(c) esse mesmo jogo, com as mesmas regras, utilizando 2 (dois) dados com 6 (seis) faces em cada, mas considerando a diferença positiva entre os quadrados dos valores mostrados nas faces dos dados voltadas para cima.

VI. Alunos comunicando a aprendizagem

Recomenda-se ao professor que possibilite aos alunos mostrarem o que aprenderam com o jogo por meio de algumas situações, dentre as quais sugerimos:

(a) a proposta de os alunos criarem atalhos para o desenrolar desse particular jogo, de modo que um jogador seja bem-sucedido.

(b) a criação de problemas a partir da problemática presente no jogo e a proposta para que outros colegas os resolvam, com a possibilidade de poderem vir a fazer modificações nos textos de maneira que eles fiquem mais claros e efetivos, se for o caso.

Colaborando com essa sugestão, os alunos podem propor questões escrevendo-as em "tiras de papel" ou em "cartões em E.V.A" e as colocarem em uma caixa de modo que sejam sorteadas uma a uma à medida que todos os alunos as resolvam.

Em seguida, propor reflexões e discussões entre os alunos acerca das respostas que tenham sido apresentadas de modo que as resoluções corretas sejam validadas e modificações sejam feitas nas que estejam incompletas ou com algum erro.

Esses momentos têm o propósito de motivar os alunos a resolverem outros problemas e a validarem escolhas relativas a estratégias de resolução, pertinentes às situações presentes no jogo.

A sugestão é que o professor atue como mediador das discussões, mas, se achar necessário, pode/deve propor questões não contempladas pelos alunos. Por exemplo, perguntando: Vocês acham que o jogo é justo? Ou seja, que os 2 (dois) jogadores têm chances iguais de vencer o jogo?

Com o propósito de conhecer como é o entendimento do conceito probabilidade pelos alunos, segundo Bryant, P. e Nunes, T. (2012), o professor pode propor problemas. Por exemplo, os problemas apresentados a seguir:

* De modo que possa conhecer como os alunos compreendem a natureza e as consequências do uso do conceito de aleatoriedade no dia a dia, o professor pode propor problemas, como os que são apresentados a seguir:

1. Ana e Bia jogam, cada uma e ao mesmo tempo, 2 (dois) dados diferentes com 6 faces cada ao chão. Qual das duas amigas tem chance de obter 1 como resultado da diferença positiva dos valores mostrados nas faces dos dados voltadas para cima? Por que você acha isso?

2. Ana e Bia conversam sobre jogar 2 (dois) dados distintos com 6 faces ao chão. Ana acha que a diferença positiva igual a 5 entre os valores mostrados nas faces voltadas para cima tem chance maior de ser obtido que a diferença positiva igual a 6, mas Bia discorda de Ana. O você acha disso? Por quê?

* De modo que conheça como os seus alunos compreendem a categorização de características dos elementos, de maneira que venham a formar espaços amostrais, o professor pode propor problemas, como os que são apresentados a seguir:

1. Ana joga 2 (dois) dados diferentes com 6 faces em cada ao chão. Ela considera que a chance de obter 2 como resultado da diferença positiva entre os valores mostrados nas faces dos dados voltadas para cima é igual à chance de obter diferença positiva igual a 3. Você concorda ou discorda de Ana? Por que você acha isso?

2. Ana e Bia conversam sobre jogar 2 (dois) dados distintos com 6 faces ao chão. Ana acha que obter diferença

positiva igual a 1 entre os valores mostrados nas faces voltadas para cima é mais difícil ocorrer que diferença positiva igual a 5, mas Bia discorda de Ana. O você acha disso? Por quê?

3. Quando se joga 2 (dois) dados distintos ao chão, quantos resultados são possíveis obter para a diferença positiva entre as quantidades de "bolinhas" mostradas nas faces voltadas para cima?

* De modo que conheça como os seus alunos estabelecem e entendem correlações entre eventos em um espaço amostral, relacionando-os entre si, o professor pode propor problemas como os que são apresentados a seguir:

1. Ana e Bia conversam sobre jogar 2 (dois) dados distintos com 6 faces ao chão e fazem uma aposta que vale 1 (um) refrigerante, a ser pago na cantina do colégio. Ana acha que obter diferença positiva igual a 1 entre os valores mostrados nas faces voltadas para cima é mais difícil ocorrer que a diferença positiva igual a 2, mas Bia discorda de Ana. O você acha disso? Por quê?

2. Ana está refletindo sobre jogar 2 (dois) dados distintos com 6 faces ao chão. Ela acha que obter diferença positiva menor que ou igual a 3 entre os valores mostrados nas faces voltadas para cima é mais difícil ocorrer que obter diferença positiva maior que ou igual a 4. O você acha disso? Por quê?

* De modo que conheça como os seus alunos quantificam e comparam probabilidades, o professor pode propor problemas como os que são apresentados a seguir:

1. Ana e Bia conversam sobre jogar 2 (dois) dados distintos com 6 faces ao chão, e fazem uma aposta que vale 1 (um) refrigerante, a ser pago na cantina do colégio. Ana acha que obter diferença positiva igual a 1 entre os valores mostrados nas faces voltadas para cima é mais fácil obter que diferença positiva igual a 5, mas Bia discorda de Ana. O você acha disso? Por quê?

2. Ana e Bia conversam sobre jogar 2(dois) dados distintos com 6 faces ao chão. Ana acha que a diferença positiva entre os valores mostrados nas faces voltadas para cima igual a um múltiplo de 3 é mais fácil de ser obtida que a diferença positiva igual a um múltiplo de 2. O você acha disso? Por quê?

3. Quando se joga 2 (dois) dados distintos e "honestos" ao chão, Ana disse para Carla que ela deveria escolher uma diferença positiva de valor par, pois, segundo ela, a chance de obter um resultado par é maior que quando se escolhe uma diferença positiva de valor ímpar. Ana está certa na sua sugestão? Promova uma discussão entre os seus colegas a esse respeito.

4. Quando se joga 2 (dois) dados distintos e "honestos" ao chão, há um resultado da diferença positiva entre as quantidades de "bolinhas" mostradas nas faces voltadas para cima que tem maior chance de ocorrer que as demais diferenças positivas possíveis? Se sim, qual é esse resultado?

5. Qual a chance é maior de ocorrer: resultado 5 ou resultado 6 para a diferença positiva entre as quantidades de "bolinhas" mostradas nas faces voltadas para cima, quando se joga 2 (dois) dados distintos e "honestos" ao chão?

Agora, vamos propor um jogo diferente, em que apenas você é o jogador:

- "Se você jogar 2 (dois) dados distintos ao chão e o resultado da diferença positiva entre os valores mostrados nas faces voltadas para cima for 3, você já é perdedor. Mas se o resultado for igual a 1 você ainda tem 1 (uma) ou mais chances de tentar sair vencedor, desde que siga a seguinte orientação: Você joga os 2 (dois) dados ao chão e a diferença positiva entre os valores mostrados nas 2 (duas) faces voltadas para cima apresentou resultado 1. Nesse caso, e apenas nesse caso, você tem a chance de jogar os dados outra vez ao chão. Se na próxima vez que jogar os 2 (dois) dados ao chão você obtiver como diferença positiva o valor 1, você é vencedor, mas se o resultado for 3, você já é perdedor. Qualquer outro resultado que seja diferente de 1 e 3 lhe dá o direito de continuar tentando para ver se consegue sair vencedor".

Pergunta-se: Você joga os 2 (dois) dados ao chão e o resultado da diferença positiva entre os valores mostrados nas 2 (duas) faces voltadas para cima dá como resultado 1. Qual a probabilidade de você sair vencedor, a partir daí, nesse jogo?

VII. Variações do jogo

Depois de jogar algumas vezes esse jogo sugerimos que o professor peça aos alunos que explorem as peças utilizadas no jogo, o seu objetivo, e proponha problematizações a partir dele.

Dentre as problematizações, independentemente de outras que venham a ser propostas pelo professor, sugerimos que ele incentive os alunos a construírem uma representação gráfica: uma tabela de dupla entrada ou uma árvore de possibilidades, com o propósito de mostrar todas as possibilidades de ocorrência das quantidades de "bolinhas" mostradas em cada uma das faces voltadas para cima dos 2 (dois) distintos dados, após estes terem sido jogados ao chão.

Igualmente, sugerimos que o professor incentive os jogadores a construírem uma tabela de frequências absolutas (também, uma tabela de frequências relativas) com as diferenças positivas possíveis obtidas entre as quantidades de "bolinhas" mostradas nas faces voltadas para cima dos 2 (dois) dados, quando estes são jogados ao chão.

Oportuno, também, que o professor promova discussões com os alunos relativamente ao experimento aleatório "jogar 2 (dois) dados ao chão e observar as faces voltadas para cima", acerca da vantagem e da desvantagem de tomar o espaço amostral de dois modos.

- O 1º modo, tendo como os seus elementos cada uma das *frequências absolutas entre cada um dos resultados das diferenças positivas entre as quantidades de "bolinhas" mostradas nas faces voltadas para cima dos 2(dois) dados;*
- *O 2º modo,* tendo como os seus elementos os resultados das diferenças positivas, computadas de acordo com as possibilidades de resultados observáveis nas faces voltadas para cima.

3.3 - Jogo "Lançamento de 2 (dois) dados ao chão, e avaliar produtos"

Acertar os resultados de produtos entre as quantidades de "bolinhas" mostradas nas faces voltadas para cima, quando 2 (dois) dados distintos e "honestos" são jogados ao chão, por vez.

I. Objetivos do jogo

O objetivo deste jogo é o de oportunizar a avaliação das possibilidades existentes entre os produtos que podem ser obtidos com os 2 (dois) valores (quantidade de "bolinhas") mostrados nas faces de 2 (dois) dados "honestos" jogados, simultaneamente, ao chão.

Para tal, o jogo possibilita que cada jogador estabeleça sua estratégia pessoal no tocante à livre opção de fazer suas apostas, rodada a rodada, de modo que um jogador se comporte como um jogador proativo - um jogador que visa vencer o jogo.

Ao mesmo tempo em que os produtos obtidos, em suas diferentes possibilidades, são avaliados e computados por cada jogador, o jogo possibilita avaliar os produtos que têm maiores chances, os que têm menores chances e os que têm chances intermediárias de ocorrer.

Tendo sido jogado por algumas rodadas, o jogo oportuniza ao jogador reunir condições para listar todas as possibilidades de resultados possíveis relativos aos produtos, bem como a frequência com que cada resultado do produto pode ocorrer.

II. Organização dos alunos em sala

Alunos separados em duplas, de modo que um jogador possa competir com o outro, e a presença de um terceiro aluno que vai atuar como fiscal do jogo. A cada jogo concluído, um novo aluno, dentre os 3 (três), exerce a posição de fiscal do jogo.

III. Recursos materiais necessários ao desenvolvimento do jogo e registros que precisam ser feitos no desenrolar do jogo

Material necessário: uma ficha, contendo as instruções do jogo; uma cartela, a ser preenchida pelo fiscal do jogo, de modo que possa fazer o registro das apostas e os resultados obtidos, rodada a rodada, pelos 2 (dois) jogadores; 20 (vinte) discos na cor vermelha e 20 (vinte) discos na cor preta, confeccionados em cartolina, papelão ou E.V.A., como mostra a Figura 19, a seguir, e 2 (dois) dados distintos e "honestos": um dado de cor vermelha e outro dado de cor branca (ou então, um dado de tamanho grande e outro dado de tamanho pequeno).

Os discos poderão ser confeccionados em cartolina, papelão ou E.V.A.

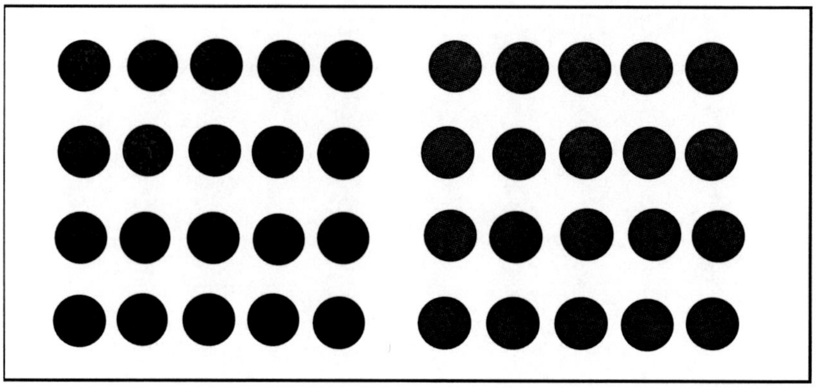

Usar 2(dois) dados distintos: um de tamanho grande e o outro de tamanho pequeno.
ou um dado de cor branaca e o outro de cor preta, por exemplo.

Figura 19: Fichas para serem usadas nas apostas. Fonte: o autor.

IV. Orientações quanto às regras do jogo (professor e alunos devem ler com atenção)

1. O jogo requer o uso de 2 (dois) dados "honestos": um de cor branca e outro de cor preta ou um de tamanho maior e outro de tamanho menor.

Inicialmente, os 2 (dois) jogadores participam de uma competição tipo "par" ou "ímpar" de modo que se conheça a sequência segundo a qual os jogadores vão jogar os 2 (dois) dados ao chão. O vencedor da disputa inicia o jogo, jogando os 2 (dois) dados ao chão.

Na 2ª rodada, o outro jogador joga os dados ao chão e, na 3ª e última rodada, é o fiscal quem joga os dados ao chão. O jogo tem duração máxima de 3 (três) rodadas, findas as quais se conhecerá o vencedor, ou poderá haver empate. Neste caso, será necessário que o jogo tenha continuidade por mais 3 (três) rodadas.

2. Cada jogador recebe uma ficha tal qual a que é mostrada nas Figuras 20 e 21 (frente e verso), a seguir, para utilizar durante cada jogo.

Os jogadores têm liberdade para fazer sua (s) aposta (s) com a escolha, no máximo, de 5 (cinco) produtos, como mostra a Figura 20. Os discos são distribuídos por entre a (s) aposta (s) feita (s), não havendo a obrigatoriedade de fazer uso de todos os 20 discos na rodada inicial ou de qualquer quantitativo de discos, inclusive os 20 discos, em qualquer uma das demais rodadas.

Vista da frente de uma tira de apostas, identificando as apostas feitas pelo jogador A, nas 3 rodadas de cada jogo.

Rodada 1	PRODUTO:	PRODUTO:	PRODUTO:	PRODUTO:	PRODUTO:
Total de discos					
Rodada 2	PRODUTO:	PRODUTO:	PRODUTO:	PRODUTO:	PRODUTO:
Total de discos					
Rodada 3	PRODUTO:	PRODUTO:	PRODUTO:	PRODUTO:	PRODUTO:
Total de discos					

Cada ficha contém 5 retângulos, onde poderão ser registradas as opções de apostas.
Não é obrigatório o preenchimento de todos os retângulos, a cada rodada.

Figura 20: Vista de frente de uma tira de apostas. Fonte: o autor.

Verso de uma tira de apostas, identificando o jogador.

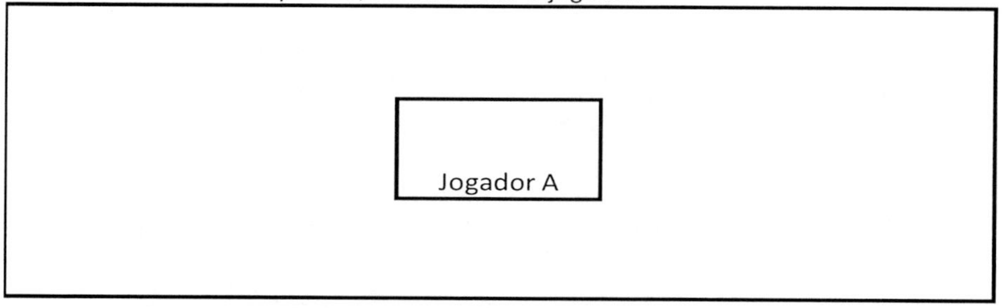

Figura 21: Verso uma tira de apostas. Fonte: o autor.

3. Após os dados serem jogados ao chão, ao final da primeira rodada, se um jogador tiver apostado seus 20 discos em uma única opção e a sua aposta for vencedora, o jogo termina e ele é considerado o vencedor, a menos que o seu adversário tenha feito a mesma aposta e com o uso de seus 20 discos. Neste caso, está configurado um empate, e será necessário iniciar um novo jogo, com até 3 (três) rodadas. Esta opção é válida apenas para apostas feitas na primeira rodada e com as apostas tendo utilizado todos os 20 discos.

Caso os jogadores ainda tenham discos em mãos para continuarem apostando (mesmo que um deles tenha sido o vencedor da primeira rodada, mas não tenha utilizado todos os 20 discos nessa aposta vencedora), dá-se início à segunda rodada.

A exemplo da primeira rodada, cada jogador tem a liberdade de escolher até 5 (cinco) novas opções de resultados, ou não, e fazer nova (s) aposta (s) com os discos que sobraram da rodada anterior.

Finda a segunda rodada, se um jogador tiver apostado seus 20 discos (ou todos os discos que lhe restavam apostar) em uma única opção, e a sua aposta for vencedora, o jogo termina e ele é considerado vencedor, desde que o seu oponente não tenha feito a mesma aposta e com o mesmo quantitativo de discos.

Para a situação em que ambos fizeram a mesma aposta, e esta foi vencedora, será considerado vencedor aquele que mais vezes acertou, até o final daquela rodada.

Mas, se ainda persistir o empate, será considerado vencedor o jogador que primeiro teve uma aposta vencedora.

A exemplo das 2 (duas) primeiras rodadas, caso os jogadores ainda tenham discos em mãos para apostar, dá-se início à terceira e última rodada.

Nessa rodada, cada jogador também tem liberdade para escolher até 5 (cinco) novas opções de resultados, ou não, e pode fazer nova(s) aposta(s), com os discos que sobraram da rodada anterior.

Ao final da terceira e última rodada, em caso de não ter havido uma aposta vencedora, considera-se vencedor o jogador que tenha em mãos a menor quantidade de discos de apostas.

Em caso de igualdade de discos entre os jogadores, será vencedor o jogador que primeiro tenha acertado um resultado com a maior quantidade de discos apostados. Mas, se ainda assim persistir o empate, um novo jogo deverá ser disputado.

4. Cada jogador também recebe um quantitativo de 20 (vinte) discos para fazer as suas apostas, rodada a rodada, como mostra a Figura 22, a seguir.

Os discos poderão ser confeccionados em cartolina, papelão ou E.V.A.

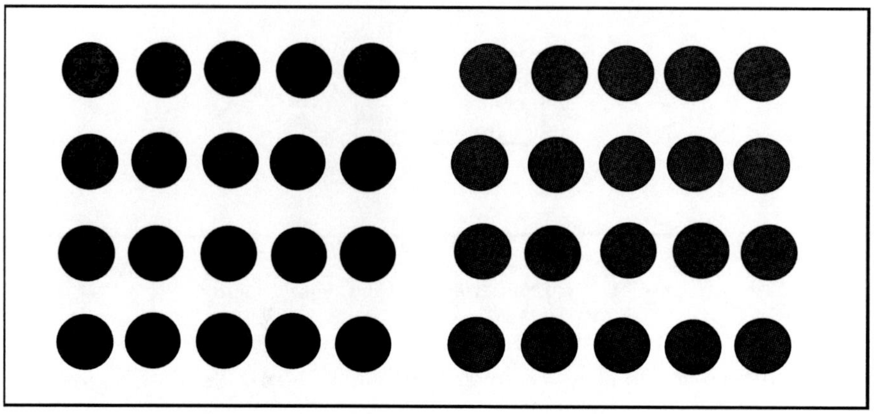

Figura 21: Discos utilizados por cada jogador (na totalidade ou não), para comunicar os quantitativos de discos utilizados para fazer as suas apostas, rodada a rodada. Fonte: o autor.

5. As Figuras 22 e 23, a seguir, apresentam as vistas de frente de 2 (duas) possíveis fichas de apostas dos jogadores A e B - as quais devem ser preenchidas pelos 2 (dois) jogadores, a cada rodada. Em seguida, a cada rodada, devem ser entregues ao fiscal do jogo.

Jogador A

Rodada 1	PRODUTO: 6	PRODUTO: 8	PRODUTO: 12	PRODUTO:	PRODUTO:
Total de discos					
Rodada 2	PRODUTO: 6	PRODUTO: 8	PRODUTO: 10	PRODUTO: 12	PRODUTO: 36
Total de discos					
Rodada 3	PRODUTO: 12	PRODUTO: 30	PRODUTO:	PRODUTO:	PRODUTO:
Total de discos					

Figura 22: Vista de frente da ficha de apostas do jogador A.

Jogador B

Rodada 1	PRODUTO: 12	PRODUTO:	PRODUTO:	PRODUTO:	PRODUTO:
Total de discos					
Rodada 2	PRODUTO: 6	PRODUTO: 12	PRODUTO:	PRODUTO:	PRODUTO:
Total de discos					
Rodada 3	PRODUTO: 12	PRODUTO: 20	PRODUTO: 36	PRODUTO:	PRODUTO:
Total de discos					

Figura 23: Vista de frente da ficha de apostas do jogador B.

6. Cada disco representa 1 (um) ponto a ser apostado. Os discos serão utilizados para mostrar ao adversário e ao fiscal do jogo os quantitativos de discos apostados em cada produto (as apostas de cada jogador), rodada a rodada, durante o desenrolar do jogo.

O (s) quantitativo (s) do (s) produto (s), objeto das apostas, não deve (m) ser divulgado (s). Apenas a distribuição dos discos é que precisa ser feita.

7. Com base nas apostas feitas pelos jogadores A e B, por ocasião de cada rodada, cada um deles deve arrumar os quantitativos de discos utilizados para as apostas sobre a mesa de jogo, em consonância com os registos feitos na respectiva ficha de apostas entregue ao fiscal, como mostra a Figura 24, a seguir. A figura mostra as apostas feitas pelos jogadores A e B, por ocasião da 1ª rodada:

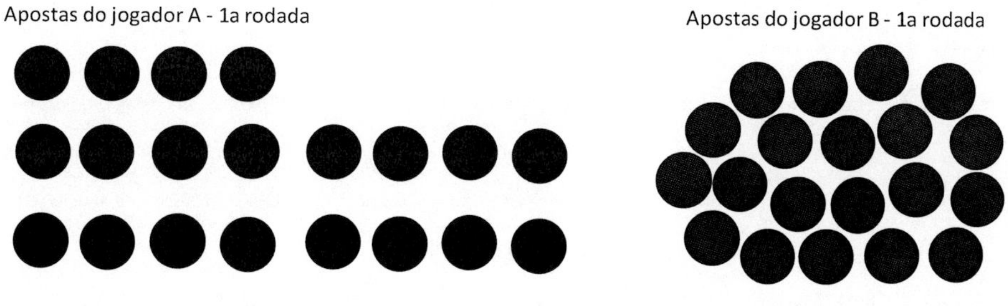

Figura 24: Distribuição dos discos, após as apostas feitas pelos jogadores A e B na 1ª rodada. Fonte: o autor.

8. Os participantes (jogadores e fiscal do jogo) devem observar as faces voltadas para cima dos 2 (dois) dados jogados ao chão, simultaneamente, e quantificar o produto entre as quantidades de "bolinhas" mostradas, a cada rodada. Esse resultado é, então, anotado pelo fiscal do jogo em sua ficha e, se for o caso, um ou mais discos devem ser retirados do jogo.

9. Com base nas apostas feitas pelos jogadores A e B, rodada a rodada, o fiscal do jogo preenche uma ficha, como a que é mostrada na Figura 25, a seguir, de modo que ele acompanhe o desenrolar do jogo e certifique-se de que as apostas feitas estão em consonância com a quantidade de discos disponíveis por cada jogador, rodada a rodada.

De maneira que se possa explicitar as regras do jogo simulamos os resultados de um hipotético jogo com a ficha de resultados como mostrada a seguir. Nesta simulação, houve empate.

1a Rodada

Quantidades de discos disponíveis para a Aposta 1 - Jogador A	20	
Quantidades de discos disponíveis para a Aposta 1 - Jogador B	20	
Resultado da 1a rodada	Produto =	..... 1 ...... X ..... 6 ...... = ... 6 ....
Acumulado - Jogador A	......20......	
Acumulado - Jogador B	......16........	

2a Rodada

Quantidades de discos disponíveis para a Aposta 2 - Jogador A	20	
Quantidades de discos disponíveis para a Aposta 2 - Jogador B	16	
Resultado da 1a rodada	Produto =	..... 3 ...... X ..... 4 ...... = ... 12 ....
Acumulado - Jogador A	......10.......	
Acumulado - Jogador B	......12........	

3a Rodada

Quantidades de discos disponíveis para a Aposta 3 - Jogador A	10	
Quantidades de discos disponíveis para a Aposta 3 - Jogador B	12	
Resultado da 1a rodada	Produto =	..... 5 ...... X ..... 6 ...... = ... 30 ....
Acumulado - Jogador A	**..... 10 ....**	
Acumulado - Jogador B	**...... 10 ..... Empate!**	

Figura 25: Ficha de controle do fiscal da partida, preenchida com base nas apostas feitas. Fonte: o autor.

10. Vamos detalhar os registros apontados na ficha de controle do fiscal, como mostrado na Figura 25, acima, de modo que o leitor possa compreender como eles foram feitos:

* Na primeira rodada, as faces dos 2 (dois) dados mostraram os valores 1 e 6. Assim, o resultado do produto é 6 (1 x 6). O jogador A acertou a aposta de produto que fez com a aposta de 4 discos.

Portanto, o número de discos que o jogador A apostou (um total de 4) deverá ser subtraído do número de discos do jogador B, fazendo com que o jogador B disponha de 16 discos para fazer as suas apostas na 2ª rodada, enquanto o jogador B disponha dos mesmos 20 discos.

Após fazer o registro em sua ficha, o fiscal da partida toma para si os 4(quatro) discos do jogador B, deixando-o com apenas 16 discos em mãos para iniciar as apostas na 2ª rodada.

Observe que, se um dos jogadores tivesse apostado todos os seus 20 discos em determinado produto e o resultado do produto com os valores mostrados nas faces dos 2 (dois) dados fosse exatamente o valor que foi apostado por esse jogador, o jogo terminaria já ao fim da 1ª rodada.

* Na 2ª rodada, as faces dos 2(dois) dados mostraram os valores 3 e 4. Assim, o resultado do produto é 12 (3 x 4). O jogador A acertou a aposta de produto que fez, com a aposta de 4 discos.

Portanto, o número de discos que o jogador A apostou (um total de 4) deverá ser subtraído no número de discos do jogador B, fazendo com que o jogador B disponha de 12 discos para fazer as suas apostas na 3ª rodada.

Por outro lado, o jogador B também acertou a aposta de produto que fez com a aposta de 10. Este quantitativo de discos deverá ser subtraído no número de discos do jogador A, fazendo com que o jogador A disponha de 10 discos para fazer as suas apostas na 3ª rodada.

Após fazer os respectivos registros, em sua ficha, o fiscal da partida toma para si os 4 (quatro) discos do jogador B e os 10 (dez) discos do jogador A, deixando-os com os seguintes quantitativos de discos para as apostas na 3ª rodada: jogador A com 10 discos e jogador B com 12 discos.

* Na 3ª rodada, o resultado do produto foi 30 (5 x 6). O jogador A acertou a aposta que fez nesse valor de produto com a aposta de 2 (dois) discos.

Portanto, o número de discos que o jogador A apostou (um total de 2) deverá ser subtraído do número de discos do jogador B, fazendo com que o jogador B fique com 10 discos. Nesse momento, o fiscal do jogo toma para si o total de 2 discos do jogador B.

Por outro lado, o jogador B não acertou a aposta que fez, valor de produto igual a 30, fazendo com que o jogador A não perca nenhum de seus discos, permanecendo com os seus 10 (dez) discos iniciais.

Como resultado final, após a 3ª rodada, o jogador A ficou com 10 discos e o jogador B ficou com 10 discos, configurando um empate.

V. Explorando algumas possíveis variações do jogo e a proposição de problemas

Existe, também, a possibilidade de o jogo ser disputado sem a necessidade da presença de um fiscal, o que daria mais autonomia aos alunos nas disputas entre si.

Para explorar ainda mais o conteúdo probabilidade presente no jogo, o professor pode pedir aos alunos que eles joguem algumas vezes: 3 ou 4 vezes, pelo menos.

Entretanto, também é recomendável pedir aos alunos que resolvam alguns problemas que tenham relação direta com a temática, a partir do jogo. Além do mais, que eles produzam algum registro que mostre o quanto eles aprenderam com o jogo.

Ou ainda, em momento mais adiante, é recomendável que os alunos produzam novos problemas e novos jogos na mesma linha do referido jogo. Por exemplo, esse mesmo jogo, com as mesmas regras, mas utilizando 2 (dois) dados distintos, cada um deles com 7 (sete) faces.

VI. Alunos comunicando a aprendizagem

Recomenda-se ao professor que possibilite aos alunos mostrarem o que aprenderam com o jogo por meio de algumas situações, dentre as quais sugerimos:

(a) a proposta de os alunos criarem atalhos para o desenrolar desse particular jogo de modo que um jogador seja bem-sucedido;

(b) a criação de problemas a partir da problemática presente no jogo e a proposta para que outros colegas os resolvam, com a possibilidade de poderem vir a fazer modificações nos textos de maneira que eles fiquem mais claros e efetivos, se for o caso.

Colaborando com essa sugestão, os alunos podem propor questões escrevendo-as em "tiras de papel" ou em "cartões em E.V.A" e as colocarem em uma caixa de modo que sejam sorteadas, uma a uma, à medida que todos os alunos as resolvam.

Em seguida, propor reflexões e discussões entre os alunos acerca das respostas que tenham sido apresentadas, de modo que as resoluções corretas sejam validadas e modificações sejam feitas nas que estejam incompletas ou com algum erro.

Esses momentos têm o propósito de motivar os alunos a resolverem outros problemas e a validarem escolhas relativas a estratégias de resolução, pertinentes às situações presentes no jogo.

A sugestão é que o professor atue como mediador das discussões, mas, se achar necessário, pode/deve propor questões não contempladas pelos alunos. Por exemplo, perguntando: Vocês acham que o jogo é justo? Ou seja, que os 2 (dois) jogadores têm chances iguais de vencer o jogo?

Com o propósito de conhecer como é o entendimento do conceito probabilidade pelos alunos, segundo Bryant, P. e Nunes, T. (2012), o professor pode propor problemas.

* De modo que se possa conhecer como os alunos compreendem a natureza e as consequências do uso do conceito de aleatoriedade no dia a dia, o professor pode propor problemas como os apresentados a seguir:

1. Ana e Bia jogam, cada uma e ao mesmo tempo, 2 (dois) dados diferentes com 6 faces cada ao chão. Qual das duas amigas tem chance de obter 8 como resultado do produto dos valores mostrados nas faces dos dados voltadas para cima? Por que você acha isso?

2. Ana e Bia conversam sobre jogar 2 (dois) dados distintos com 6 faces ao chão. Ana acha que o produto igual a 5 entre os valores mostrados nas faces voltadas para cima tem chance maior de ser obtido que o produto igual

a 1, mas Bia discorda de Ana. O você acha disso? Por quê?

* De modo que se possa conhecer como os alunos compreendem a categorização de características dos elementos, de modo que formem espaços amostrais, o professor pode propor problemas como os que são apresentados a seguir:

1. Ana joga 2 (dois) dados diferentes com 6 faces em cada ao chão. Ela considera que a chance de obter 10 como resultado do produto entre os valores mostrados nas faces dos dados voltadas para cima é igual à chance de obter produto igual a 12. Você concorda ou discorda de Ana? Por que você acha isso?
2. Ana e Bia conversam sobre jogar 2 (dois) dados distintos com 6 faces ao chão. Ana acha que obter produto igual a 1 entre os valores mostrados nas faces voltadas para cima é mais difícil ocorrer que o produto igual a 12, mas Bia discorda de Ana. O você acha disso? Por quê?
3. Quando se joga 2 (dois) dados distintos ao chão, quantos resultados são possíveis obter para o produto entre as quantidades de "bolinhas" mostradas nas faces voltadas para cima?

* De modo que se possa conhecer como os alunos estabelecem e entendem correlações entre eventos em um espaço amostral, relacionando-os entre si, o professor pode propor problemas como os que são apresentados a seguir:

1. Ana e Bia conversam sobre jogar 2 (dois) dados distintos com 6 faces ao chão e fazem uma aposta que vale 1(um) refrigerante, a ser pago na cantina do colégio. Ana acha que obter produto igual a 1 entre os valores mostrados nas faces voltadas para cima é mais difícil ocorrer que o produto igual a 12, mas Bia discorda de Ana. O você acha disso? Por quê?
2. Ana está refletindo sobre jogar 2 (dois) dados distintos com 6 faces ao chão. Ela acha que obter produto menor que ou igual a 15 entre os valores mostrados nas faces voltadas para cima é mais difícil ocorrer que obter produto maior que ou igual a 21. O você acha disso? Por quê?

* De modo que se possa conhecer como os alunos quantificam e comparam probabilidades o professor pode propor problemas como os que são apresentados a seguir:

1. Ana e Bia conversam sobre jogar 2 (dois) dados distintos com 6 faces ao chão, e fazem uma aposta que vale 1 (um) refrigerante, a ser pago na cantina do colégio. Ana acha que obter produto igual a 8 entre os valores mostrados nas faces voltadas para cima é mais fácil obter do que produto igual a 12, mas Bia discorda de Ana. O você acha disso? Por quê?
2. Ana e Bia conversam sobre jogar 2 (dois) dados distintos com 6 faces ao chão. Ana acha que obter o produto entre os valores mostrados nas faces voltadas para cima igual a um múltiplo de 3 é mais fácil obter o produto igual a um múltiplo de 4. O você acha disso? Por quê?
3. Quando se joga 2 (dois) dados distintos e "honestos" ao chão, Ana disse para Carla que ela deveria escolher um produto de valor par pois, segundo ela, a chance de obter um resultado par é maior que quando se escolhe um produto de valor ímpar. Ana está certa na sua sugestão? Promova uma discussão entre os seus colegas a esse respeito.
4. Quando se joga 2 (dois) dados distintos e "honestos" ao chão, há um resultado do produto entre as

quantidades de "bolinhas" mostradas nas faces voltadas para cima que tem maior chance de ocorrer que os demais produtos possíveis? Se sim, qual é esse resultado?

5. Qual chance é maior de ocorrer: resultado 15 ou resultado 18 para o produto entre as quantidades de "bolinhas" mostradas nas faces voltadas para cima, quando se joga 2 (dois) dados distintos e "honestos" ao chão?

Agora vamos propor que você jogue um jogo diferente, em que apenas você é o jogador:

"Se você jogar 2 (dois) dados distintos ao chão e o resultado do produto entre os valores mostrados nas faces voltadas para cima dos 2 (dois) dados for 8, você já é perdedor. Mas se o resultado for 4, você ainda tem uma ou mais chances de tentar sair vencedor, desde que siga a seguinte orientação:

Você jogou os 2 (dois) dados ao chão e o produto entre os valores mostrados nas 2 (duas) faces voltadas para cima deu como resultado o valor 4. Nesse caso, e apenas nesse caso, você tem a chance de jogar os dados outra vez ao chão.

Se, na próxima vez que jogar os dados ao chão, você obtiver como produto o valor 4, você é vencedor. Mas se o resultado for 8 você já é perdedor, e qualquer outro resultado que seja diferente de 4 e de 8 te dá o direito de continuar tentando para ver se consegue sair vencedor".

Pergunta-se: Você joga os 2 (dois) dados ao chão e o resultado do produto entre os valores mostrados nas 2 (duas) faces voltadas para cima dá como resultado 4. Qual a probabilidade de você sair vencedor, a partir daí, nesse jogo?

VII. Variações do jogo

Depois de jogar algumas vezes esse jogo, é sugerido que o professor peça aos alunos que explorem as peças utilizadas, o seu objetivo, e proponha problematizações a partir dele.

Dentre as problematizações, independentemente de outras que venham a ser propostas pelo professor, sugerimos que ele incentive os alunos a construírem uma representação gráfica: uma tabela de dupla entrada ou uma árvore de possibilidades, com o propósito de mostrar todas as possibilidades de ocorrência das quantidades de "bolinhas" mostradas em cada uma das faces voltadas para cima dos 2 (dois) distintos dados, após estes terem sido jogados ao chão.

Igualmente, sugerimos que o professor incentive os jogadores a construírem uma tabela de frequências absolutas (também, uma tabela de frequências relativas) com os produtos possíveis obtidos entre as quantidades de "bolinhas" mostradas nas faces voltadas para cima dos 2 (dois) dados, quando estes são jogados ao chão.

Oportuno, também, que o professor promova discussões com os alunos, relativamente ao experimento aleatório "jogar 2 (dois) dados ao chão e observar as faces voltadas para cima", acerca da vantagem e da desvantagem de tomar o espaço amostral de dois modos.

- O 1º modo, tendo como os seus elementos cada uma das *frequências absolutas entre cada um dos resultados dos produtos entre as quantidades de "bolinhas" mostradas nas faces voltadas para cima dos 2 (dois) dados;*
- *O 2º modo,* tendo como os seus elementos os resultados dos produtos, computados de acordo com as possibilidades de resultados observáveis nas faces voltadas para cima.

3.4 Jogo "Problemas de probabilidade em um "monte" de cartas"

I. Objetivo

Trata-se de um jogo que é disputado entre 2 (dois) jogadores. O jogo se desenrola por meio do uso de 2 (dois) "montes" de 35 (trinta e cinco) cartas em cada um, com os conteúdos - enunciados de problemas de probabilidade - das cartas de cada "monte", exatamente iguais.

A única diferença entre as cartas de um "monte" e do outro reside apenas nas cores das pinturas das faixas superior e inferior (ambas de mesma cor) para cada carta de um mesmo "monte".

Um "monte" de 35 cartas com as duas faixas pintadas com a cor vermelha e o outro "monte" de 35 cartas com as duas faixas pintadas com a cor preta.

A Figura 26, a seguir, mostra-nos as 35 cartas de cada um dos dois "montes" de cartas.

Ao jogar uma moeda "honesta" ao chão, a chance de a face voltada para cima mostrar "cara" ou de mostrar "coroa" é igual a ....

Ao jogar uma moeda "honesta" ao chão, a chance de a face voltada para cima mostrar "cara" ou de mostrar "coroa" é igual a ....

Ao jogar 2(dois) dados distintos - cada dado com 6 faces - ao chão, a chance de a soma dos números mostrados nas faces ser 7 é igual a ....

Ao jogar 2(dois) dados distintos - cada dado com 6 faces - ao chão, a chance de a soma dos números mostrados nas faces ser 7 é igual a ....

Ao jogar 1(um) dado com 6 faces ao chão, a chance de mostrar um número par é a mesma chance de mostrar um número ímpar, igual a ....

Ao jogar 1(um) dado com 6 faces ao chão, a chance de mostrar um número par é a mesma chance de mostrar um número ímpar, igual a ....

Ao jogar 3(três) moedas distintas ao chão, a chance de sair coroa em pelo menos duas faces voltadas para cima é de ....

Ao jogar 3(três) moedas distintas ao chão, a chance de sair coroa em pelo menos duas faces voltadas para cima é de ....

A chance de o Vasco ter feito o primeiro gol no jogo Vasco 1 x 1 Bangu é de ....

A chance de o Vasco ter feito o primeiro gol no jogo Vasco 1 x 1 Bangu é de ....

A chance de jogar dois dados ao chão e a diferença positiva dos valores mostrados nas faces voltadas para cima ser igual a 4 ou igual a 5 é de ....

A chance de jogar dois dados ao chão e a diferença positiva dos valores mostrados nas faces voltadas para cima ser igual a 4 ou igual a 5 é de ....

Ao jogar 3(três) moedas distintas ao chão, a chance de sair cara em pelo menos duas faces voltadas para cima é de ....

Ao jogar 3(três) moedas distintas ao chão, a chance de sair cara em pelo menos duas faces voltadas para cima é de ....

Ao jogar 1(um) dado com 6 faces ao chão, a chance de mostrar um número menor que 7 e maior que 5 . é ...

Ao jogar 1(um) dado com 6 faces ao chão, a chance de mostrar um número menor que 7 e maior que 5 . é ...

Dentre todas as chances de jogar 2 dados distintos ao chão, e a soma dos valores mostrados nas faces voltadas para cima ser 4 ou 5 ou 6 ou 7 é igual a ..

Dentre todas as chances de jogar 2 dados distintos ao chão, e a soma dos valores mostrados nas faces voltadas para cima ser 4 ou 5 ou 6 ou 7 é igual a ..

Ao jogar 2(dois) dados distintos - cada dado com 6 faces - ao chão, a chance de a diferença dos números mostrados nas faces ser nula é igual a ....

Ao jogar 2(dois) dados distintos - cada dado com 6 faces - ao chão, a chance de a diferença dos números mostrados nas faces ser nula é igual a ....

A chance de retirar de uma caixa fechada 2 bolas de cor verde por vez, quando nela há 4 bolas cor azul e 2 bolas cor verde, é igual a ....

A chance de retirar de uma caixa fechada 2 bolas de cor verde por vez, quando nela há 4 bolas cor azul e 2 bolas cor verde, é igual a ....

Ao jogar 2(dois) dados distintos - cada dado com 6 faces - ao chão, a chance do produto entre os números mostrados nas faces ser menor que 7 é ....

Ao jogar 2(dois) dados distintos - cada dado com 6 faces - ao chão, a chance do produto entre os números mostrados nas faces ser menor que 7 é ....

Ao jogar 1(um) dado com 6 faces ao chão, a chance de mostrar um número maior que 4 na face voltada para cima é de ....

Ao jogar 1(um) dado com 6 faces ao chão, a chance de mostrar um número maior que 4 na face voltada para cima é de ....

A chance de o Vasco ter feito o terceiro gol no jogo Vasco 1 x 2 Bangu é de ....

A chance de o Vasco ter feito o terceiro gol no jogo Vasco 1 x 2 Bangu é de ....

A chance de o Vasco ter feito o segundo gol no jogo
Vasco 1 x 2 Bangu
é de ....

A chance de o Vasco ter feito o segundo gol no jogo
Vasco 1 x 2 Bangu
é de ....

A chance de Ana se sentar em um banco com 5 lugares, todos os lugares,ocupados por ela e as suas amigas, é de ....

A chance de Ana se sentar em um banco com 5 lugares, todos os lugares,ocupados por ela e as suas amigas, é de ....

Ao jogar 2 dados distintos ao chão, a chance de a diferença positiva entre os valores mostrados ser 3 ou os valores serem os mesmos é de ....

Ao jogar 2 dados distintos ao chão, a chance de a diferença positiva entre os valores mostrados ser 3 ou os valores serem os mesmos é de ....

Ao jogar 3(três) moedas distintas ao chão, a chance de as faces voltadas para cima serem iguais nas 3 moedas, é igual a ....

Ao jogar 3(três) moedas distintas ao chão, a chance de as faces voltadas para cima serem iguais nas 3 moedas, é igual a ....

A chance de Ana se sentar na posição central de um banco de 5 lugares na companhia de mais 3 amigas, é igual a ....

A chance de Ana se sentar na posição central de um banco de 5 lugares na companhia de mais 3 amigas, é igual a ....

A chance sortear uma bandeira com 1a listra pintada com a cor preta entre todas com 3 listras, cores distintas,disponíveis 5 cores para fazer as pinturas é ....

A chance sortear uma bandeira com 1a listra pintada com a cor preta entre todas com 3 listras, cores distintas,disponíveis 5 cores para fazer as pinturas é ....

A chance de jogar dois dados ao chão e a soma dos valores mostrados nas faces voltadas para cima ser igual a 8 ou igual a 9, é igual a ....

A chance de jogar dois dados ao chão e a soma dos valores mostrados nas faces voltadas para cima ser igual a 8 ou igual a 9, é igual a ....

A chance de o produto dos valores mostrados nas faces de 2 dados jogados ao chão, cada um com 6 faces, ser igual a 3 ou igual a 4 ou igual a 6 é ....

A chance de o produto dos valores mostrados nas faces de 2 dados jogados ao chão, cada um com 6 faces, ser igual a 3 ou igual a 4 ou igual a 6 é ....

A chance de escolher um número maior que 500, entre todos com 3 algarismos distintos, com a disponibilidade dos algarismos 1,2,3,4, e 5 é	A chance de escolher um número maior que 500, entre todos com 3 algarismos distintos, com a disponibilidade dos algarismos 1,2,3,4, e 5 é	A chance de a soma dos valores mostrados nas faces de 2 dados jogados ao chão, cada um com 5 faces, ser igual a 6 é	A chance de a soma dos valores mostrados nas faces de 2 dados jogados ao chão, cada um com 5 faces, ser igual a 6 é ....
A chance de o produto dos valores mostrados nas faces de 2 dados jogados ao chão, cada um com 6 faces, ser um valor maior que 14 e menor que 26 é	A chance de o produto dos valores mostrados nas faces de 2 dados jogados ao chão, cada um com 6 faces, ser um valor maior que 14 e menor que 26 é	A chance de o produto dos valores mostrados nas faces de 2 dados jogados ao chão, cada um com 6 faces, ser igual a 2 ou 3 ou 5 ou 6 é	A chance de o produto dos valores mostrados nas faces de 2 dados jogados ao chão, cada um com 6 faces, ser igual a 2 ou 3 ou 5 ou 6 é ....
A chance de a soma dos valores mostrados nas faces de 2 dados jogados ao chão, cada um com 6 faces, ser um valor menor que 6 é	A chance de a soma dos valores mostrados nas faces de 2 dados jogados ao chão, cada um com 6 faces, ser um valor menor que 6 é	A chance de a soma dos valores mostrados nas faces de 2 dados jogados ao chão, cada um com 6 faces, ser um valor maior que 8 é	A chance de a soma dos valores mostrados nas faces de 2 dados jogados ao chão, cada um com 6 faces, ser um valor maior que 8 é ....
A chance de a diferença positiva dos valores mostrados nas faces de 2 dados jogados ao chão, cada um com 6 faces, ser igual a 1 é	A chance de a diferença positiva dos valores mostrados nas faces de 2 dados jogados ao chão, cada um com 6 faces, ser igual a 1 é	A chance de a diferença positiva dos valores mostrados nas faces de 2 dados jogados ao chão, cada um com 6 faces, ser igual a 4 ou ser nula é	A chance de a diferença positiva dos valores mostrados nas faces de 2 dados jogados ao chão, cada um com 6 faces, ser igual a 4 ou ser nula é ....

Figura 26: Exemplo de um monte com 35 cartas. Fonte: o autor.

O objetivo do jogo é que cada jogador acerte as respostas numéricas para 15 (quinze) problemas de probabilidade cujos enunciados estão presentes nas faces das cartas que foram por ele desviradas do seu "monte" de 35 cartas.

A resposta a um dos problemas pode ser uma dentre as 6 (seis) respostas anotadas em cartas adicionais ou não ser nenhuma dessas 6 (seis), aí contempladas com a opção registrada na face de uma carta como **NRML** (nenhuma das respostas mostradas ao lado), como mostrado na Figura 27, a seguir:

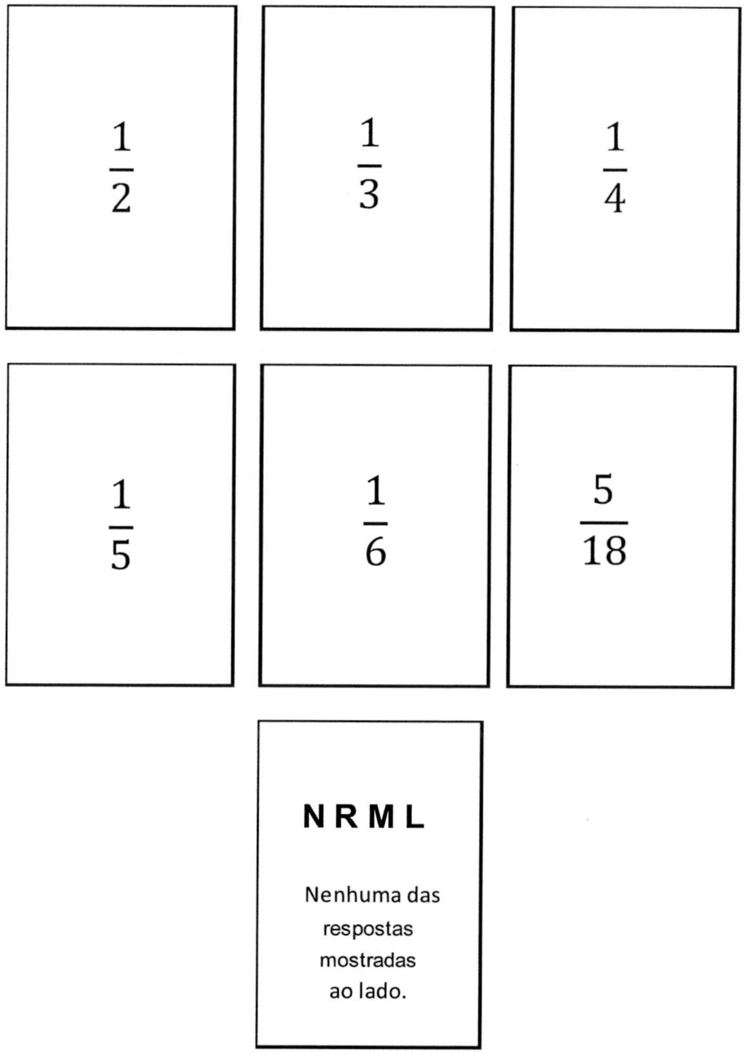

Figura 27: Exemplo de um monte com 6 cartas contendo possíveis respostas. Fonte: o autor.

II. Material a ser disponibilizado para uso durante o jogo

O jogo requer o uso de 2 (dois) "montes" de cartas - cada "monte" contendo 35 (trinta e cinco) cartas.

Os "montes" diferem entre si apenas pelas cores vermelha e preta, usadas para pintar em uma mesma carta uma faixa na parte superior e outra faixa na parte inferior, de modo que se possa identificar se a carta pertence ao jogador A ou ao jogador B; um outro "monte" de cartas contendo um total de 7 (sete) cartas", com a face interna de cada uma de 6 (seis) cartas registrada com um dos valores correspondentes às respostas numéricas dos valores do resultado da probabilidade das perguntas cujos enunciados aparecem em 30 dentre as 35 cartas de cada "monte", e 1 (uma) única carta com a face que mostra a descrição **NRML** (nenhuma das repostas mostradas ao lado).

Para cada grupo de 5 (cinco) cartas com enunciados distintos a resposta é cada uma das seguintes razões: ½, 1/3, ¼, 1/5, 1/6 e 5/18, como mostrado na Figura 28, a seguir, ou a resposta numérica não é nenhuma das opções anteriores; 1 (um) dado com 6 (seis) faces, cada face com o indicativo de cada um dos 6 (seis) valores numéricos de razões, resultados de probabilidade de 30 dos 35 problemas, conforme acima.

A planificação do referido dado é mostrada na Figura 28, a seguir:

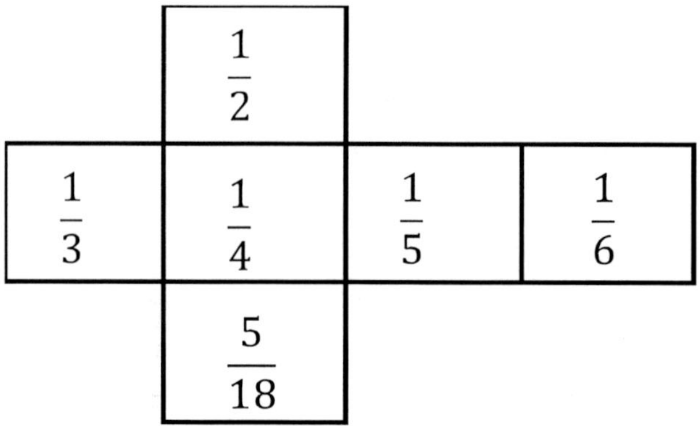

Figura 28: Planificação de um dado com 6 faces, contendo possíveis respostas. Fonte: o autor.

Também será necessário fazer uso de lápis e papel, caso seja de interesse de um jogador fazer anotações de registros de cálculos relativos à resolução dos problemas, rodada a rodada.

III. Orientações quanto às regras iniciais (professor e alunos devem ler com atenção) e para a conclusão do primeiro jogo

Os 2 (dois) jogadores se posicionam ao redor de uma mesa (circular, quadrada ou retangular), um defronte do outro.

As 6 (seis) cartas, cada uma com o valor de uma razão (resultado de probabilidade), e mais a carta **NRML** são colocadas sobre a mesa, espaçadas uma das outras, e com as faces que mostram os valores das razões e a identificação **NRML** voltadas para cima.

Cada jogador embaralha o seu "monte" com 35 cartas, e o coloca junto de si.

Para escolher o jogador que vai iniciar o jogo, os jogadores podem optar pela brincadeira conhecida como "zero ou um", que consiste em os 2 (dois) jogadores colocarem uma de suas mãos para trás do corpo e apostar entre os valores 0, 1 ou 2, e quando um deles disser "já" eles apresentam a mão um ao outro, mostrando apenas o dedo indicador ou a palma da mão, conforme correspondam, respectivamente, aos valores 1 e 0. Uma vez "somados os valores" correspondentes ao que as duas mãos mostram, identifica-se qual deles é o vencedor.

Uma vez conhecido o jogador que vai iniciar jogando, alternadamente cada jogador retira 1 (uma) carta de seu "monte" de cartas, lê apenas para si o enunciado da pergunta de um problema de probabilidade, cujo enunciado está escrito na face, e coloca tal carta por debaixo da carta que considera ser a resposta para a pergunta com a face voltada para baixo, cuidando para que o seu oponente não veja o conteúdo da carta.

Estas mesmas ações são repetidas até que cada um dos jogadores tenha virado um total de 15 (quinze) cartas de seu respectivo "monte" de cartas. Após cada rodada, é facultativo aos jogadores embaralhar o seu "monte de cartas restantes".

Uma partida só é considerada concluída parcial ou integralmente após o confronto de 3 jogos entre os mesmos 2 (dois) jogadores.

Uma vez que os dois jogadores tenham virado um total de 15 cartas cada, para finalizar este primeiro jogo será preciso que um a um os "montes" de cartas que foram colocadas desviradas sobre cada uma das 7 cartas com os indicativos das razões ou **NRML** tenham os resultados das perguntas confirmados ou não, pelos dois jogadores.

Assim, de "monte" em "monte" as cartas vão sendo repartidas entre os dois jogadores para conferência e validação das respostas da seguinte forma: cartas com a cor do jogador A vão para a mão do jogador B e vice-versa, de modo que cada um confirme os quantitativos de acertos e de pontos perdidos (um ponto para cada resposta que tiver sido respondida de modo errado).

Uma vez que todas as cartas que foram colocadas sobre os 7(sete) "montes" tenham sido conferidas, um dos jogadores faz o registro dos somatórios de respostas corretas e de pontos perdidos na Tabela de pontuação, como a tabela que é mostrada na Figura 29, a seguir:

Tabela 1: tabela de pontuação

	Número de cartas com resposta correta Rodada 1	Número de pontos perdidos Rodada 1	Número de cartas com resposta correta Rodada 1	Número de pontos perdidos Rodada 1	Número de cartas com resposta correta Rodada 1	Número de pontos perdidos Rodada 1	Número total de cartas com respostas corretas	Número total de pontos perdidos	Rsultado Final
Jogador A									
Jogador B									

Figura 29: Exemplo de um monte com 6 cartas contendo possíveis respostas. Fonte: o autor.

Por sua vez, cada jogo (de um total de 3 jogos) é considerado concluído somente após cada jogador ter virado um total de 15 (quinze) cartas de seu respectivo "monte" de cartas, tendo sido concluída a contagem de acertos e pontos perdidos, e os respectivos registros serem feitos em uma *Tabela de pontuação* como a que foi mostrada na Figura 29, acima.

Após esse momento, um novo jogo é iniciado para a conclusão da disputa, de um total de 3 (três) jogos.

O propósito de cada jogo - e da disputa em si - é que cada jogador vá acumulando pontos em decorrência dos acertos obtidos com as respostas às perguntas mostradas nas faces das cartas retiradas de seu "monte" e os valores dos resultados de probabilidade para cada uma das respectivas perguntas.

Na ocorrência de empate entre os dois jogadores, na pontuação final, a partida não é dada como terminada. As regras constantes a seguir, esclarecem como se dá a finalização da partida.

IV. Orientações quanto às regras complementares para a conclusão da partida, em caso de ter ocorrido empate na primeira etapa. O "jogo tira-teima"

Antes do jogo "tira-teima", que definirá o vencedor da partida, o dado de 6 faces (como mostrado acima, no item II) é jogado ao chão de modo que seja possível definir qual valor da razão será objeto da contagem de pontos e, portanto, qual "monte" será objeto de verificação de modo que se defina o resultado final da partida.

Para tal, os jogadores voltam a jogar, virando novas 15 cartas, e apenas o "monte" com a razão que é mostrada na face voltada para cima do dado será objeto de contagem de pontos ganhos.

Se, ainda assim, permanecer um empate, mais uma vez o dado é jogado ao chão para definir que outra razão será objeto de contagem dos pontos.

E assim prossegue até que finalmente se conheça um vencedor para a disputa, acirrada que foi.

V. Objetivo pedagógico do jogo

O objetivo pedagógico do jogo é o de oportunizar aos jogadores que reflitam acerca do cálculo de chances, em diferentes experimentos aleatórios, presentes nos enunciados mostrados nas cartas do jogo.

Espera-se que cada jogador se comporte como um jogador proativo, ou seja, um jogador que deseja vencer o jogo, mobilizando o pensamento probabilístico cada vez que tiver de decidir sobre a resposta à pergunta mostrada em cada carta que retira do seu "monte" de cartas.

Interessante salientar que uma vez que os jogadores não tenham tido a oportunidade de ter jogado o jogo nenhuma vez, eles só terão tido a oportunidade de resolver 15 dos 35 problemas que foram preparados para o jogo em um primeiro jogo, razão porque a partida é sugerida ser disputada por meio do confronto de 3 jogos.

Após uma partida em disputa espera-se que cada jogador tenha aproveitado o bastante para compreender como proceder para determinar o valor da chance de ocorrência de um evento, simples ou composto, em um experimento aleatório.

Portanto, um dos objetivos pedagógicos do jogo é o de permitir que os jogadores mobilizem o pensamento probabilístico na busca de respostas corretas às perguntas presentes nas cartas do jogo enquanto manuseiam as cartas, e trocam ideias uns com os outros.

Tais oportunidades visam favorecer o entendimento dos alunos no tocante à determinação dos espaços amostrais de experimentos aleatórios próximos do cotidiano de cada um, e aos cálculos das chances de ocorrência de eventos.

VI. Explorando algumas possíveis variações do jogo

O jogo em si é bastante flexível, uma vez que permite o acréscimo de mais cartas. Ou seja, permite que o professor e/ou os alunos possam propor novos problemas de probabilidade, em blocos de 5 (cinco) problemas iguais para cada um dos dois "montes" mas que tenham mesma resposta numérica de probabilidade.

Isso implica ou não na inclusão de mais uma carta com o valor dessa razão anotada na sua face, ao monte de 7 (sete) cartas, ou simplesmente manter as mesmas 7 cartas, pois esta mesma resposta aos novos problemas estará contemplada com a opção da cara **NRML**.

Essa sugestão deve levar em conta a troca do dado de 6 (seis) por um novo dado com mais faces.

Também há possibilidade de o jogo ser disputado por mais que 2 (dois) jogadores. Para tal, a cada novo jogador que se pense incluir na disputa basta que se faça a duplicação de um "monte" de 35 cartas, tomando o cuidado de trocar a cor das faixas superior e inferior de cada carta por outra cor distinta das anteriores: preta e vermelha.

VII. Alunos comunicando a aprendizagem, e a proposição de problemas

Recomenda-se ao professor que oportunize aos alunos a possibilidade de eles mostrarem o que aprenderam com o jogo por meio de algumas situações, dentre as quais sugerimos:

O professor pode propor a criação de problemas pelos alunos a partir da problemática presente no jogo: estudo de probabilidades, e a sugestão que os outros alunos os resolvam antes de se pensar em, possivelmente, incorporá-los ao jogo.

Para que estes novos problemas façam parte do jogo será preciso que cada 5 (cinco) novos problemas tenham enunciados distintos, mas respostas numéricas iguais para o valor numérico da probabilidade resposta, de modo que esses novos problemas formem um novo grupo com mesma probabilidade - a qual será objeto de registro em uma nova carta ou não - como já salientado acima. E, se for o caso, juntarem-se às outras 7 (sete) cartas ou não.

Para que novos problemas façam parte do jogo será preciso, também, que os alunos validem os enunciados e a respectiva resposta numérica do valor de probabilidade.

Para tal, sugerimos que todos os outros alunos possam fazer modificações nos textos dos enunciados apresentados pelos colegas de maneira que esses textos fiquem mais claros e efetivos, se for o caso.

Em seguida, recomenda-se que o professor proponha reflexões e discussões entre os alunos acerca dos novos problemas propostos, e incorporados ao "monte".

Ademais, novos problemas serão sempre bem-vindos mesmo que não venham a ser incorporados ao jogo. São, portanto, problemas merecedores de reflexões e discussões entre os alunos de modo que as resoluções corretas sejam validadas bem como sejam feitas modificações nas resoluções que estiverem incompletas. Também reflexões em relação à redação dos enunciados dos problemas, a qual precisa, sempre que necessário, ser melhorada.

Esses momentos têm o propósito de motivar os alunos a resolverem outros problemas e oportunizar que eles próprios validem escolhas relativas a estratégias de resolução relativas aos problemas propostos por eles mesmos.

Essas mesmas sugestões se estendem, por exemplo, aos professores quando em uma formação continuada.

A sugestão é que o professor atue como mediador das discussões. Mas se achar necessário o professor pode/deve propor outros problemas que não tenham sido contemplados pelos alunos e que considere oportuno fazer.

Em seguida, apresentamos alguns problemas de probabilidade que servem de motivação para o desenvolvimento da atividade sugerida:

(a) Ao jogar dois dados distintos ao chão, cada um com 6 faces, e somar os valores mostrados nas faces voltadas para cima, a chance de ocorrer a soma 7 é ...

(b) Ao jogar 2 (dois) dados distintos ao chão - cada dado com 6 faces -, a chance de o produto entre os números mostrados nas faces voltadas para cima ser igual a 12 é de 1/9.

(c) Ao jogar 3 (três) moedas distintas ao chão, a chance de as faces voltadas para cima de duas das moedas serem iguais é de 3/4. Ou então: 75%.

(d) Ao jogar 3 (três) moedas distintas ao chão, a chance de as faces voltadas para cima, de duas das moedas serem "coroa" é 3/8. Ou então: 37,5%.

(e) Ao jogar 2 (dois) dados distintos - cada dado com 6 faces - ao chão, a chance de a soma dos números mostrados nas faces ser 9 é de 1/9.

(f) Ao jogar 2(dois) dados distintos - cada dado com 6 faces - ao chão, a chance de a diferença positiva entre os números mostrados nas faces ser 2 é 2/9.

(g) Ao jogar 2(dois) dados distintos - cada dado com 6 faces - ao chão, a chance do produto entre os números mostrados nas faces ser igual a 15 é 1/18.

(h) 2 casais amigos e Ana sentam-se em um banco com 5 lugares. Os casais sentam-se juntos. A chance de Ana se sentar neste banco é de 3/24=1/8.

(i) A chance de jogar 2 moedas distintas e 1(um) dado ao chão e obter 2 "caras" e o número 4, nas faces voltadas para cima, é igual a 1/12.

(j) Dentre todas as chances de jogar 2 dados distintos ao chão e somar os pares mostrados nas faces, a de maior valor ocorre com a soma 7.

(k) A chance de jogar 1 moeda e um dado ao chão e obter "cara" e número 4 nas faces voltadas para cima, é igual a 1/12.

(l) A chance de 3 casais se sentarem lado a lado, em um banco de 6 lugares, cada casal sempre junto, é de 1/15.

3.5 Jogo "Cartas envolvendo a resolução de problemas de probabilidade"

I. Objetivo

Trata-se de um jogo (com "cara" de passatempo), que é disputado entre 2 (duas) duplas oponentes.

O jogo se desenrola por meio do uso de um conjunto de 96 (noventa e seis) cartas, assim distribuídas: 48 cartas têm as faces mostrando valores de razões, correspondentes aos respectivos resultados numéricos para 48 problemas de probabilidade, cujos enunciados estão apresentados nas restantes 48 cartas. O conjunto de todas as 96 cartas é chamado "baralho".

O objetivo do jogo é permitir que cada jogador resolva uma razoável quantidade de problemas de probabilidade enquanto participa do jogo.

Há uma única resposta para cada problema com enunciado apresentado em uma carta, mas em alguns casos há mais de uma carta mostrando esse resultado da probabilidade.

Com o propósito de ter chances de a sua dupla sair vencedora em uma rodada, um jogador tanto pode apresentar uma carta contendo a resposta para um problema apresentado pelo seu companheiro de dupla quanto pode apresentar o enunciado de um problema cuja resposta é a que está presente na carta apresentada pelo seu companheiro de dupla.

II. Material a ser disponibilizado para uso durante o jogo

O jogo requer o uso de um "baralho" com 96 (noventa e seis) cartas, como indicado acima, e que são mostradas na Figura 30, a seguir. Também será preciso fazer uso de lápis e papel para as anotações pessoais de cálculos para cada um dos 4 (quatro) jogadores.

Os registros de pontuação de cada dupla, partida a partida, devem ser feitos por qualquer um dos 4 (quatro) jogadores caso decidam que o jogo será disputado por mais que uma partida. Eis as cartas que compõem o "*baralho*" do jogo:

Ao jogar uma moeda "honesta" ao chão, a chance de a face voltada para cima mostrar "cara" ou de mostrar "coroa" é igual a	Dentre todas as chances de jogar 2 dados distintos ao chão, e a soma dos valores mostrados nas faces voltadas para cima ser 4 ou 5 ou 6 ou 7 é igual a ..	Ao jogar 2(dois) dados distintos - cada dado com 6 faces - ao chão, a chance de a soma dos números mostrados nas faces ser 7 é igual a	A chance de o Vasco ter feito o primeiro gol no jogo Vasco 1 x 1 Bangu é de ....
Ao jogar 1(um) dado com 6 faces ao chão, a chance de mostrar um número par é a mesma chance de mostrar um número ímpar, igual a	Ao jogar 2(duas) moedas distintas ao chão, a chance de as faces voltadas para cima serem iguais é igual a	Ao jogar 3(três) moedas distintas ao chão a chance de nas faces voltadas para cima aparecerem pelo menos duas das 3 faces mostrando cara é igual a	$\frac{1}{2}$
A chance de jogar dois dados ao chão e a diferença positiva dos valores mostrados nas faces voltadas para cima ser igual a 4 ou igual a 5 é de	Ao jogar 3(três) moedas distintas ao chão, a chance de sair coroa em pelo menos duas faces voltadas para cima é de	Ao jogar 1(um) dado com 6 faces ao chão, a chance de mostrar um número menor que 7 e maior que 5 . é ...	Ao jogar 2(dois) dados distintos - cada dado com 6 faces - ao chão, a chance de a diferença dos números mostrados nas faces ser nula é igual a ....
Ao jogar 3(três) moedas distintas ao chão, a chance de sair cara em pelo menos duas faces voltadas para cima é de	$\frac{1}{6}$	$\frac{1}{6}$	$\frac{1}{6}$

A chance de o Vasco ter feito o segundo gol no jogo Vasco 1 x 2 Bangu é de ....

Ao jogar 1(um) dado com 6 faces ao chão, a chance de mostrar um número maior que 4 na face voltada para cima é de ....

A chance de o Vasco ter feito o terceiro gol no jogo Vasco 1 x 2 Bangu é de ....

Ao jogar 2(dois) dados distintos - cada dado com 6 faces - ao chão, a chance do produto entre os números mostrados nas faces ser menor que 7 é ....

A chance de retirar de uma caixa fechada 2 bolas de cor verde por vez, quando nela há 4 bolas cor azul e 2 bolas cor verde, é igual a ....

$$\frac{1}{3}$$

$$\frac{1}{3}$$

$$\frac{1}{3}$$

A chance de escolher um número maior que 500, entre todos com 3 algarismos distintos, com a disponibilidade dos algarismos 1,2,3,4, e 5 é ....

A chance de Ana se sentar em um banco com 5 lugares, todos os lugares,ocupados por ela e as suas amigas, é de ....

A chance sortear uma bandeira com 1a listra pintada com a cor preta entre todas com 3 listras, cores distintas,disponíveis 5 cores para fazer as pinturas é ....

A chance de Ana se sentar na posição central de um banco de 5 lugares na companhia de mais 3 amigas, é igual a ....

A chance de a soma dos valores mostrados nas faces de 2 dados jogados ao chão, cada um com 5 faces, ser igual a 6 é ....

Ana e 2 casais amigos sentam-se em um banco com 5 lugares, lado a lado. A chance de os namorados de cada casal sentarem juntos é igual a ....

$$\frac{1}{5}$$

$$\frac{1}{5}$$

Ao jogar 2 dados distintos ao chão, a chance de a diferença positiva entre os valores mostrados ser 3 ou os valores serem os mesmos é de ....

A chance de o produto dos valores mostrados nas faces de 2 dados jogados ao chão, cada um com 6 faces, ser um valor maior que 14 e menor que 26 é ....

Ao jogar 3(três) moedas distintas ao chão, a chance de as faces voltadas para cima serem iguais nas 3 moedas, é igual a ....

A chance de jogar dois dados ao chão e a soma dos valores mostra dos nas faces voltadas para cima ser igual a 8 ou igual a 9, é igual a ....

A chance de o produto dos valores mostrados nas faces de 2 dados jogados ao chão, cada um com 6 faces, ser igual a 3 ou igual a 4 ou igual a 6 é ....

Ao jogar 2(duas) moedas distintas ao chão a chance de as faces voltadas para cima serem iguais, ambas mostrando a face cara, é igual a ....

Ao jogar 4(quatro) moedas distintas ao chão a chance de nas faces voltadas para cima aparecerem pelo menos uma face mostrando cara é igual a ....

Ao jogar 2(duas) moedas distintas ao chão a chance de as faces voltadas para cima serem iguais, ambas mostrando a face coroa, é igual a ....

A chance de o produto dos valores mostrados nas faces de 2 dados jogados ao chão, cada um com 6 faces, ser igual a 2 ou 3 ou 5 ou 6 é ....

A chance de a soma dos valores mostrados nas faces de 2 dados jogados ao chão, cada um com 6 faces, ser um valor menor que 6 é ....

A chance de a soma dos valores mostrados nas faces de 2 dados jogados ao chão, cada um com 6 faces, ser um valor maior que 8 é ....

A chance de a diferença positiva dos valores mostrados nas faces de 2 dados jogados ao chão, cada um com 6 faces, ser igual a 4 ou ser nula é ....

$$\frac{5}{18}$$

$$\frac{5}{18}$$

$$\frac{5}{18}$$

$$\frac{5}{18}$$

A chance de a diferença positiva dos valores mostrados nas faces de 2 dados jogados ao chão, cada um com 6 faces, ser igual a 1 é	$\frac{5}{36}$	Ao jogar 3(três) moedas distintas ao chão, a chance de as faces voltadas para cima de duas das 3 moedas mostrar "coroa" é igual a	$\frac{3}{8}$
3 casais sentam-se, lado a lado, em um banco de 6 lugares. A chance de os namorados de cada casal sentarem-se um ao lado do outro é igual a ...	$\frac{1}{15}$	Ao jogar 3(três) moedas distintas ao chão a chance de nas faces voltadas para cima não aparecerem duas faces mostrando cara é igual a	$\frac{5}{8}$
Ao jogar 3(três) moedas distintas ao chão, a chance de as faces voltadas para cima de duas das 3 moedas serem iguais, é igual a	Ao jogar 2(duas) moedas distintas ao chão, a chance de as faces voltadas para cima serem iguais em pelo menos duas das três moedas, é igual a	$\frac{3}{4}$	Ao jogar 3(três) moedas distintas ao chão a chance de nas faces voltadas para cima aparecerem duas faces mostrando cara é igual a ....
Ao jogar 3(três) moedas distintas ao chão a chance de nas faces voltadas para cima aparecerem duas faces mostrando coroa é igual a	$\frac{3}{8}$	$\frac{3}{4}$	$\frac{3}{8}$

Ao jogar 2(dois) dados distintos - cada dado com 6 faces - ao chão, a chance do produto entre os números mostrados nas faces ser igual a 12 é	Ao jogar 2(dois) dados distintos - cada dado com 6 faces - ao chão, a chance do produto entre os números mostrados nas faces ser igual a 6 é	Ao jogar 2(dois) dados distintos - cada dado com 6 faces - ao chão, a chance de a diferença positiva entre os números mostrados nas faces ser igual a 4 é	$\frac{1}{9}$
Ao jogar 3(três) moedas distintas ao chão a chance de nas faces voltadas para cima aparecerem apenas faces mostrando cara é igual a	Ao jogar 4(quatro) moedas distintas ao chão a chance de nas faces voltadas para cima aparecerem apenas faces mostrando cara ou coroa é igual a	$\frac{1}{8}$	$\frac{1}{8}$
$\frac{1}{4}$	$\frac{1}{4}$	$\frac{1}{4}$	$\frac{1}{4}$
$\frac{1}{4}$	$\frac{1}{4}$	$\frac{1}{4}$	$\frac{1}{4}$

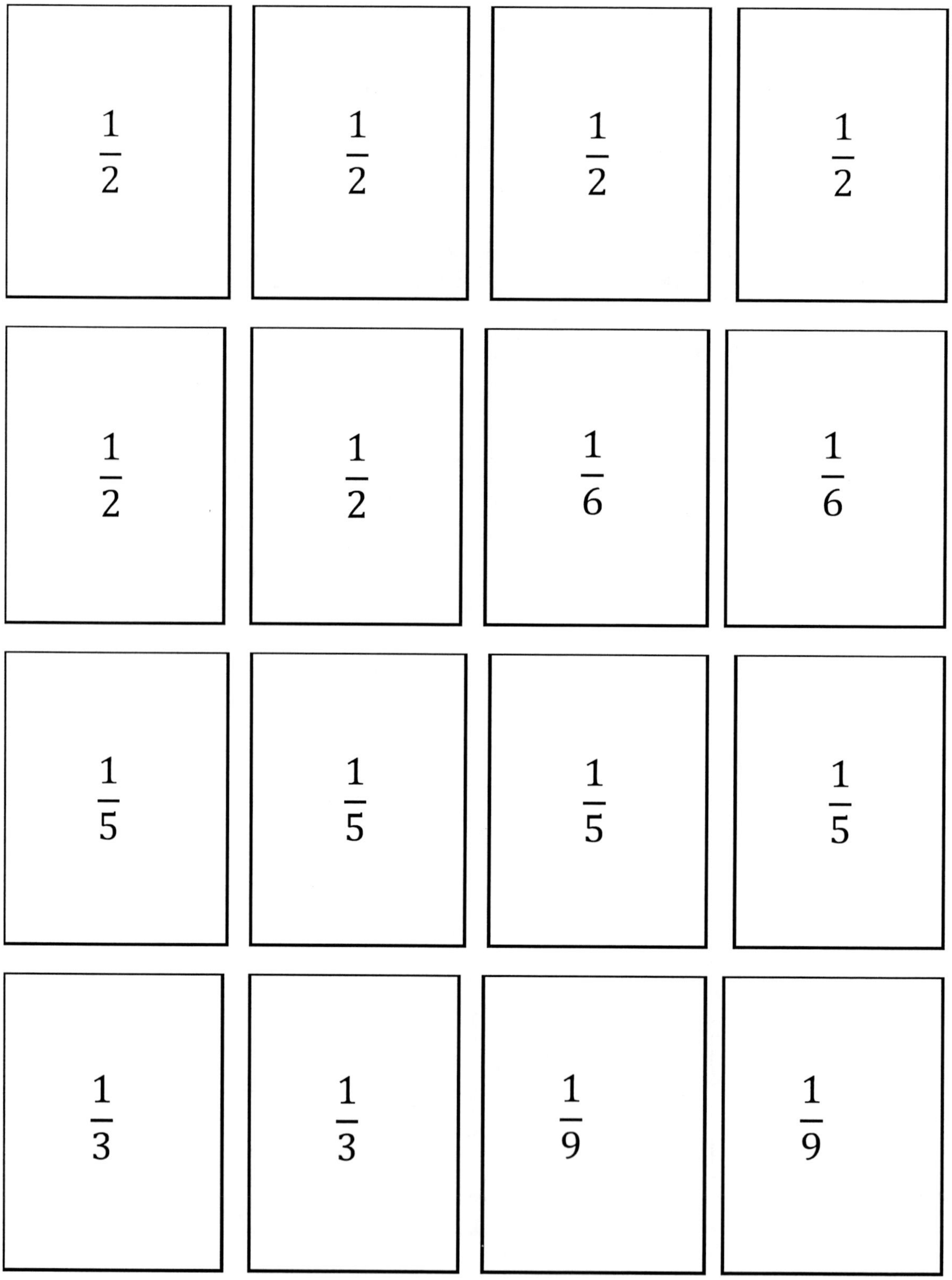

Figura 30: O "baralho", composto por 96 cartas. Fonte: o autor.

III. Orientações quanto às regras para iniciar uma partida (professor e alunos devem ler com atenção), e para a conclusão da primeira rodada

Os jogadores se posicionam ao redor de uma mesa (circular, quadrada ou retangular), de modo que os parceiros de uma mesma dupla fiquem sentados um defronte do outro.

Para começar o jogo um dos jogadores toma para si o "baralho" e dá início ao "*embaralhamento*" das cartas entre si.

Para escolher o jogador que vai "*embaralhar*" *todas as cartas do "baralho" do jogo e também* iniciar jogando, os jogadores podem optar pela brincadeira conhecida como "zero ou um".

Tal brincadeira consiste em dois jogadores colocarem uma de suas mãos para trás do corpo e apostar entre os valores 0, 1 ou 2, em voz alta. Quando um deles disser "já" eles apresentam a mão um ao outro, mostrando o indicador ou a palma da mão conforme sejam, respectivamente, os valores 1 e 0. Uma vez "somados os valores" representativos do que mostram as duas mãos identifica-se o vencedor. Para tal, cada dupla escolhe um representante.

Uma vez que um representante tenha "embaralhado" as cartas, esse jogador coloca o "*baralho*" sobre a mesa (cartas empilhadas umas sobre as outras) e um dos jogadores da dupla adversária "*recorta*" as cartas do "*baralho*" em 2 (dois) "*montes*". *E*m seguida, coloca 1 (um) "*monte*" sobre o outro de maneira diferente de como o "*monte*" estava antes.

Uma vez que esse ritual tenha sido feito, o jogador conta um total de 12(doze) cartas e as entrega ao jogador que está à sua esquerda. Faz o mesmo para os demais jogadores e para si, respeitando o "sentido horário" para proceder a distribuição das cartas.

Em seguida o jogador começa o jogo, lançando uma carta sobre o tampo da mesa. Apenas 1 (uma) carta de cada jogador deve ser jogada sobre o tampo da mesa, em cada rodada. Ao final da rodada, as 4 (quatro) cartas serão retiradas da mesa.

Ao lançar uma carta sobre a mesa, o jogador acredita que o seu companheiro de dupla terá a carta resposta para a pergunta mostrada na face da carta que acabou de lançar.

Ou então, uma vez que tenha lançado uma carta com o resultado de uma razão, igualmente acredita que seu companheiro tenha uma carta com o enunciado de um problema de probabilidade cujo resultado seja o mostrado na carta que acabara de lançar.

Assim, os jogadores de uma mesma dupla partilham estratégias de jogo e ajudas mútuas, sempre às claras dos adversários, com o propósito de a dupla se sair vencedora na partida em disputa.

Em cada partida, a dupla que resgatar o maior número de cartas no confronto após esgotarem-se todas as cartas em disputa é considerada vencedora da disputa.

Uma vez que as 4 (quatro) cartas utilizadas em uma rodada estejam sobre a mesa, e todos os jogadores tomem conhecimento de quais são elas e qual dupla foi vencedora ou não naquela rodada, um dos jogadores da dupla vencedora na rodada recolhe as 4 cartas para junto de si e as coloca viradas com as faces para baixo, sobre a mesa.

Ou então, se for o caso, qualquer um dos jogadores coloca as 4 cartas sobre o "monte" que contém as 48 cartas restantes e que ainda não foram distribuídas.

Há apenas 2 (duas) situações em que as 4 cartas são retiradas por um jogador e colocadas junto de si para serem contabilizadas como pontuação para a sua dupla, a saber:

- Um dos jogadores da dupla que tem o maior valor como resposta de probabilidade para o respectivo problema de probabilidade, na situação em que as 2(duas) duplas apresentarem cartas com enunciados de problemas e resposta corretas, retira as 4 cartas sobre a mesa para junto de si;
- Na situação em que a sua dupla apresentou cartas com enunciado e resposta correta e a outra dupla não apresentou enunciado com resposta correta, ou as duas cartas são de enunciados, ou as duas cartas são de respostas, um dos jogadores da dupla que apresentou enunciado de problema e resposta correta de probabilidade retira as 4 cartas sobre a mesa para junto de si.

Importante salientar que em qualquer situação diferente das 2 (duas) que foram apresentadas acima, as 4 (quatro) cartas são retiradas da mesa e colocadas no "monte" de cartas que contém as 48 cartas restantes.

Quando todas as 12 primeiras cartas de cada jogador tiverem sido utilizadas no jogo, o mesmo jogador que fez a distribuição inicial das cartas fará o "*embaralhamento*" das cartas do "monte" e distribuirá outras 12 novas cartas para cada jogador de modo que continue a ocorrer a disputa.

Após a distribuição das 12 últimas cartas do "novo monte" terem sido distribuídas aos jogadores, possivelmente restarão cartas em um novo e "último monte" a ser considerado a partir de então.

Ademais, mais uma vez considerando que as 4 (quatro) cartas utilizadas em uma rodada estejam sobre a mesa e todos os jogadores tomem conhecimento de quais são elas, e qual dupla foi vencedora ou não naquela rodada, um dos jogadores da dupla vencedora na rodada as recolhe para junto de si e as coloca viradas com as faces para baixo sobre a mesa, e junto às cartas que já resgatou nas rodadas anteriores.

Ou então, se for o caso, qualquer um dos jogadores coloca as 4 cartas sobre o "último monte", o qual reunirá as cartas restantes e todas as cartas que serão descartadas a partir de então.

O jogador que fez a recolha das cartas para a sua dupla, ou o seu parceiro, pode contar mentalmente o total de cartas obtido pela dupla naquela rodada e ir adicionando ao subtotal acumulado, se for o caso, até o final da referida partida, como um elemento adicional que pode contribuir para estabelecer estratégias de jogo da dupla.

Esse mesmo jogador fará a recolha de outras cartas para a sua dupla nas rodadas seguintes, se for o caso. Esta mesma ação também deverá ser feita por um dos jogadores da outra dupla. Ou seja, esta mesma ação sempre se repetirá ao final de cada rodada até o final da partida por um dos jogadores de cada dupla.

No início de uma rodada, após um jogador lançar a primeira carta sobre a mesa, os demais jogadores ficam à vontade para lançar uma única carta sobre a mesa, conforme a estratégia de jogo de cada dupla.

Já o segundo jogador, de cada uma das duplas - a quem caberá fazer a jogada final da dupla naquela rodada -, tomando por base as cartas que dispõe em mãos e o cenário de cartas mostrado sobre a mesa terá de refletir em relação a tomada de decisões, a qual possivelmente fará com que a dupla seja vencedora, ou se o melhor será que descarte uma carta se considerar que a rodada já está perdida, ou queira que todas as 4 cartas sejam incorporadas ao "monte".

Com a disputa sendo repetida por algumas muitas rodadas estratégias pessoais de jogo serão apropriadas por cada um dos jogadores, mediante observações que sejam feitas.

IV. Objetivo pedagógico do jogo

O objetivo pedagógico do jogo é o de oportunizar aos jogadores que reflitam acerca do cálculo de chances, em diferentes experimentos aleatórios presentes nas cartas do jogo. Também, que os jogadores encontrem estratégias pessoais, e em parceria com o jogador da sua dupla, que podem ser postas em prática.

Assim, espera-se que cada jogador se comporte como um jogador proativo, ou seja, um jogador que deseja vencer o jogo.

Após algumas partidas em disputa, espera-se que os jogadores possam perceber que para vencer uma partida não basta ter em mãos cartas de grande valor como resposta para um problema de probabilidade, mas que é necessário estabelecer estratégias diferenciadas para se saírem vencedores, conforme o jogo vá se desenrolando.

Portanto, um dos objetivos do jogo é o de que os jogadores busquem encontrar estratégias vencedoras para o jogo. Outro objetivo, é que o manuseio com as cartas favoreça o entendimento dos alunos em relação aos cálculos de chances em experimentos aleatórios próximos ao cotidiano.

V. Explorando algumas possíveis variações do jogo

Existe também a possibilidade de o jogo ser disputado por 2 (dois) jogadores, isto é, sem a formação de duplas.

Nesta situação há igual distribuição de 12 cartas para cada jogador, de início, repetindo-se a mesma distribuição de cartas cada vez que as 12 cartas anteriores sejam utilizadas pelos jogadores.

Assim, a partida terá 8 rodadas. De modo que o tempo de jogo não seja demasiado longo sugerimos que as cartas não computadas para cada um dos jogadores não serem incorporadas ao "monte" de cartas restantes, mas ficando em um "novo monte" à parte que não mais será utilizado.

VI. Alunos comunicando a aprendizagem e a proposição de problemas

Recomenda-se ao professor que oportunize aos alunos a possibilidade de eles mostrarem o que aprenderam com o jogo, por meio de algumas situações, dentre as quais sugerimos:

O professor pode propor a criação de problemas pelos alunos a partir da problemática: estudo de probabilidades, presente no jogo, e a sugestão de que os outros alunos da turma os resolvam.

Considere a possibilidade de os alunos poderem fazer modificações nos textos apresentados pelos colegas de maneira que os enunciados fiquem mais claros e efetivos, se for o caso.

Em seguida, recomenda-se a proposição de reflexões e discussões entre os alunos acerca dos problemas propostos e das respostas apresentadas de modo que as resoluções corretas sejam validadas e modificações sejam feitas nas resoluções que estiverem incompletas. Ou que os problemas possam ter a redação melhorada, ou corrigidos os que contenham algum erro.

Esses momentos têm o propósito de motivar os alunos a resolverem outros problemas, e a possibilidade de oportunizar que eles próprios validem escolhas relativas a estratégias de resolução pertinentes às situações propostas.

A sugestão é que o professor atue como mediador das discussões. Mas, se achar necessário, pode/deve propor outras questões que não tenham sido contempladas pelos alunos mas que considera oportuno fazer.

De posse dos problemas propostos pelos alunos, incentive-os a confeccionarem um novo "*baralho*" com tais problemas ou que incorporem as novas cartas ao "baralho" em uso.

3.6 - Jogo "Grelha Quadrada 3 x 3" - Versão C

I. Material a ser disponibilizado para uso durante o desenrolar do jogo

O jogo utiliza um tabuleiro quadrado 3 x 3 (três quadrados menores dispostos no sentido horizontal por 3 quadrados menores dispostos no sentido vertical, totalizando 3 x 3 = 9 quadrados menores), denominado por "Grelha Quadrada 3 x 3" - Versão C.

A Figura 31, a seguir, mostra-nos um tabuleiro de jogo:

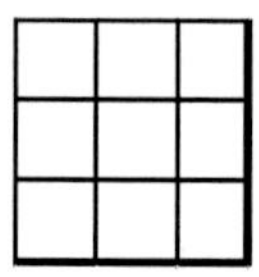

Figura 31: Tabuleiro do jogo "Grelha Quadrada 3 x 3" - Versão C. Fonte: o autor.

Para realizar os movimentos sobre o tabuleiro, são utilizadas 2 (duas) "tampinhas de garrafa pet": uma na cor amarela, para o jogador indicado por A, e outra na cor azul, para o jogador indicado por B, como mostra-nos a Figura 32, a seguir:

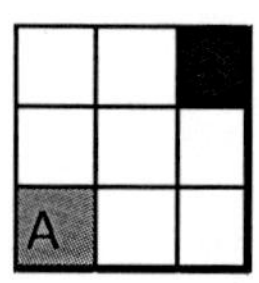

Figura 32: Tabuleiro do jogo "Grelha Quadrada 3 x 3" - Versão C, mostrando as posições iniciais. Fonte: o autor.

De modo a facilitar a comprovação da movimentação das "tampinhas de garrafa pet", durante o desenrolar do jogo até o seu desfecho ou para identificar o prosseguimento do jogo em caso de alguma interrupção, sugerimos o uso de canetas nas cores amarela e azul e a reprodução dos movimentos das "tampinhas de garrafa pet" em um tabuleiro desenhado em uma folha de papel a parte, onde as pinturas deverão ser feitas, como mostrado na figura a seguir.

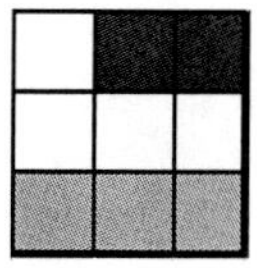

Figura 33: Tabuleiro do jogo "Grelha Quadrada 3 x 3" - Versão C, mostrando os 3 primeiros movimentos de um jogo. Fonte: o autor.

A Figura 33, acima, aponta-nos que o jogo foi interrompido após o 3° movimento das "tampinhas de garrafa pet". Também, que o jogador A ("tampinha" de cor amarela) foi o último a jogar.

Portanto, quando o jogo for reiniciado, o jogador B ("tampinha" de cor azul) será o jogador a movimentar sua "tampinha de garrafa pet", de cor azul.

II. Objetivo

Trata-se de um jogo entre 2 (dois) oponentes: A e B.

O jogador que vai dar início ao jogo será decidido por meio de uma disputa tipo "par ou ímpar". O jogador vencedor dessa disputa deve colocar a sua "tampinha de garrafa pet" no quadrado localizado no canto inferior à esquerda, e o seu oponente deverá colocar a sua "tampinha de garrafa pet" no quadrado localizado no canto superior à direita.

A Figura 34, a seguir, mostra-nos a disposição das "tampinhas" antes de o jogo ser iniciado, uma vez que o jogador A foi o vencedor da disputa "par ou ímpar".

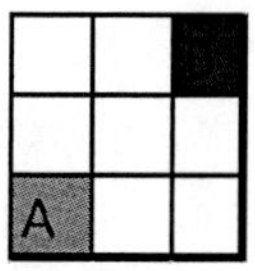

Figura 34: Tabuleiro do jogo "Grelha Quadrada 3 x 3" - Versão C, mostrando as posições iniciais. Fonte: o autor.

O objetivo de cada jogador é o de capturar a "tampinha" do seu oponente ou conseguir posicionar a sua "tampinha" na posição de partida do seu oponente quando do início do jogo, isto é: o objetivo do jogador A é colocar sua "tampinha" no quadrado pintado de azul e o objetivo do jogador B é colocar sua "tampinha" no quadrado de cor amarela, segundo a figura mostrada acima.

Mas, para atender a qualquer um desses objetivos será preciso que os jogadores obedeçam a certas regras do jogo, as quais serão mostradas em prosseguimento.

III. Regras do jogo

1ª regra:

Conforme mostra-nos a Figura 35, a seguir, eis a primeira regra:

- O jogador A pode movimentar sua "tampinha" na posição vertical, uma posição por vez, para cima ou para baixo. Também pode movimentar sua "tampinha" na posição horizontal, uma posição por vez, somente para a direita;

- O jogador B pode movimentar sua "tampinha" na posição vertical, uma posição por vez, para cima ou para baixo. Também pode movimentar sua "tampinha" na posição horizontal, uma posição por vez, somente para a esquerda.

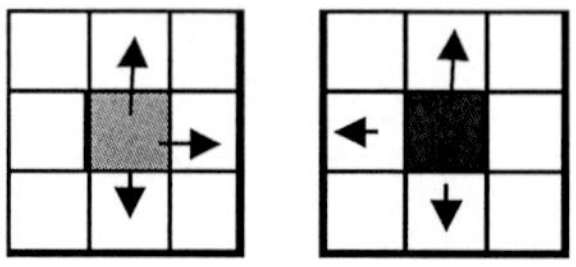

Figura 35: Movimentos permitidos no Tabuleiro do jogo "Grelha Quadrada 3 x 3. Fonte: o autor.

2ª regra:

É obrigatória a captura da "tampinha" do oponente sempre que for possível, isto é, apenas quando as duas "tampinhas": do jogador e do seu oponente, se encontrarem "em diagonal". Deve ser respeitado o sentido horizontal do jogador que vai fazer a captura.

A captura da "tampinha" do oponente pelo jogador A somente será feita "em diagonal" para a direita, enquanto que a captura da "tampinha" do oponente pelo jogador B somente será feita "em diagonal" para a esquerda, como mostra-nos a Figura 36, a seguir:

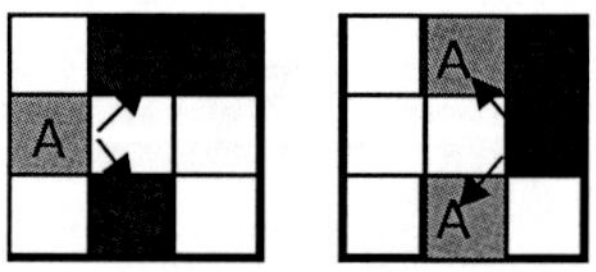

Figura 36: Movimentos possíveis de captura de uma "tampinha" no Tabuleiro do jogo "Grelha Quadrada 3 x 3" - Versão C. Fonte: o autor.

Na Figura 36, acima, à esquerda, o jogador A deve capturar a "tampinha" do jogador B em qualquer uma das duas situações mostradas - e apenas nessas situações -, respeitando o sentido horizontal para a direita de movimento de suas "tampinhas".

Já na Figura 36, acima, à direita, o jogador B deve capturar a "tampinha" do jogador A em qualquer uma das duas situações mostradas – e apenas nessas situações -, respeitando o sentido horizontal para a esquerda de movimento de suas "tampinhas".

3ª regra:

Sempre que um jogador estiver com a sua "tampinha" junto ao quadrado inicial do seu oponente, é obrigatório que finalize a disputa. Ou seja, um jogador não poderá fazer nenhum outro movimento que não este.

4ª regra:

O movimento das "tampinhas" durante o desenrolar do jogo não poderá ultrapassar o limite máximo de 8 (oito movimentos). Ou seja, cada um dos jogadores poderá movimentar sua "tampinha" no máximo por 4 vezes no tabuleiro.

Assim, quando o jogador B fizer o 8º movimento, o jogo estará encerrado. Se após o 8º movimento o jogador B não conseguir colocar sua "tampinha" na posição inicial do jogador A o jogo será finalizado, e estará configurado o empate.

Portanto, qualquer resultado será computado ao final do 8º movimento ou em movimento anterior a esse, caso um jogador "*capture*" a "tampinha" do seu oponente.

Sugerimos que sejam disputadas pelo menos 4 (quatro) rodadas para este jogo entre os mesmos jogadores, com alternância do jogador que vai iniciar jogando de modo que após essas rodadas elas tenham servido de base para reflexões pessoais e/ou coletivas dos 2 (dois) jogadores e de alunos da turma.

Após este momento, espera-se que os jogadores reúnam condições para avaliarem a existência ou não de uma "estratégia ganhadora".

IV. Objetivo pedagógico do jogo

A restrição em relação ao número máximo de 8 (oito) movimentos tem 2 (duas) razões:

- A primeira razão é a de permitir que o jogo não se estenda por muitos movimentos, tornando-se cansativo e desinteressante pelos alunos.
- A segunda razão tem a ver com a resolução de problemas combinatórios associados ao jogo - que serão sugeridos aos professores, em prosseguimento - de modo que avaliem a viabilidade/possibilidade de propor aos seus alunos. Tal razão vai ao encontro de encurtar as resoluções de alguns desses problemas, permitindo o exercício do raciocínio combinatório durante a construção de diagramas de árvore e de chegar à listagem de todas as possibilidades como o jogo poderá se desenrolar a partir de um determinado momento do jogo.

O objetivo pedagógico do jogo é o de oportunizar aos jogadores reflexões acerca do estabelecimento de uma "estratégia ganhadora" que possa ser posta em prática, se for o caso, enquanto vão sendo explorados alguns conceitos da combinatória e da probabilidade.

Assim, de modo a facilitar o estabelecimento de uma "estratégia ganhadora", se for o caso, alguns problemas serão propostos aos alunos. Além do mais, se espera que cada jogador se comporte como um jogador pro ativo, ou seja, um jogador que deseja vencer o jogo.

Para resolver os problemas sugerimos recorrer à construção de diagramas de árvore com o propósito de identificar todas (ou algumas) possibilidades que o rumo do jogo poderá tomar.

Está aí o primeiro conhecimento básico de Combinatória oriundo do jogo: a construção de diagramas de árvore.

Uma vez construído o diagrama de árvore, por completo, todos os resultados de jogo serão conhecidos. Por sua vez cada um destes resultados pode ser alcançado pelos jogadores conforme seja o desenrolar do jogo.

Cada uma das possibilidades (cada ramo do diagrama de árvore) é considerada um evento elementar no universo do espaço amostral do experimento aleatório associado aos resultados do jogo.

Cabe, então, perguntar:

- Segundo as regras estabelecidas, quantas possibilidades dão vitória ao jogador A?
- Qual a probabilidade de o jogador A vencer o jogo?
- Segundo as regras estabelecidas, quantas possibilidades dão vitória ao jogador B?
- Qual a probabilidade de o jogador B vencer o jogo? ou
- Segundo as regras estabelecidas, quando ocorre empate nesse jogo?
- Qual a probabilidade de ocorrer empate neste jogo?

Considerando as regras estabelecidas para este jogo; o fato de a jogadora Ana começar jogando e o contexto da Teoria das Probabilidades, vamos confirmar, mais adiante, que em relação ao evento = {Ana vence o jogo}, trata-se de um evento não impossível e não certo, isto é, probabilidade menor que 1 e diferente de zero.

O mesmo ocorre em relação ao evento = {Bia vence o jogo}, o qual também será confirmado, mais adiante, tratar-se de um evento não impossível e não certo, isto é, probabilidade menor que 1 e diferente de zero. Igualmente em relação ao evento = {O jogo termina em empate}, também se trata de um evento não impossível e não certo.

Após 4 (quatro) rodadas em disputa (com alternância em relação ao jogador que inicia jogando) se espera que a experiência cumulada pelos dois jogadores os ajude a refletir acerca da importância e necessidade de estabelecer uma "estratégia ganhadora" ou não.

Ou seja, é importante que cada jogador pense a respeito de vir a estabelecer uma "estratégia ganhadora", se ela existir, de modo que sempre possa vencer o jogo.

Também se espera que cada jogador se aproprie de conceitos da Análise Combinatória, que estarão presentes durante o desenrolar do jogo. Podemos dizer que o jogo é, por assim dizer, um disparador do ensino aprendizagem de alguns conceitos da Análise Combinatória.

Os objetivos pedagógicos do jogo são que os jogadores exercitem o raciocínio combinatório enquanto aprendem a construir um diagrama de árvore; se apropriem de novos conhecimentos, próprios da Análise Combinatória e, se for o caso, busquem encontrar uma "estratégia ganhadora" para o jogo.

Portanto, não se trata de um simples jogo que se joga por jogar; uma diversão, mas de um jogo que contém desafios a serem alcançados pelos jogadores. Um deles é o de verificarem a possibilidade de estabelecer uma "estratégia ganhadora", se for o caso.

Ademais, necessário se faz que os jogadores reflitam e decidam quanto ao jogo ser um jogo de sorte/azar ou um jogo de estratégia. Também se faz necessário que os jogadores decidam em relação ao jogo ser um "Jogo Combinatório" ou não.

V. Organização dos alunos em sala

Os participantes podem participar do jogo tanto de modo individual (um jogador contra o outro jogador) quanto em grupos menores - desde que todos os membros do grupo estejam imbuídos do propósito de descobrirem uma estratégia para vencer o jogo, se for o caso.

É preciso, também, que os jogadores pensem em relação à questão de o oponente vir a conseguir estabelecer uma estratégia capaz de neutralizar a sua estratégia - supostamente uma estratégia ganhadora - em algum momento do jogo.

Por conta das reflexões que os alunos venham a fazer, esperamos que pensem a respeito, uma vez que uma "estratégia de jogo" tenha sido descoberta será preciso que ela seja testada, para que se certifiquem de ser ela uma "estratégia ganhadora" ou ser uma "estratégia que funciona, mas dependente das ações do oponente".

Uma vez que uma "estratégia de jogo" tenha sido testada (ganhadora ou não), ao menos por 3 (três) rodadas, uma questão se apresenta e precisa ser respondida:

Se for o caso de considerar a estratégia estabelecida como "estratégia ganhadora" ou "estratégia que funciona, mas dependente das ações do oponente", será preciso lançar mão de algum expediente de jogo para que o oponente não tenha condições de neutralizar essa "estratégia"?

VI. Alunos comunicando a aprendizagem

Recomendamos ao professor que oportunize aos alunos a possibilidade de eles mostrarem o que aprenderam com o jogo. Para tal, o professor pode promover reflexões e discussões conjuntas a esse respeito e pedir que eles escrevam sobre o que aprenderam com o jogo.

VI. Explorando problemas de Combinatória associados com o jogo

Uma vez que os alunos conheçam bem as "Regras do Jogo", após terem jogado por algumas rodadas, o professor pode propor problemas relacionados com o jogo. Em prosseguimento, sugerimos alguns problemas:

Problema 1:

Ana (A) e Bia (B) estão jogando o jogo **"Grelha Quadrada 3 x 3" - Versão C – Versão C.** A professora Carla chega junto à mesa onde elas estão, observa a disposição das "tampinhas de garrafa pet" sobre o tabuleiro, após os 4 primeiros movimentos das "tampinhas"; confere as anotações que elas fizeram no desenho do tabuleiro, em papel, e faz a seguinte proposta às duas estudantes:

Agora vocês não vão mais continuar jogando. Juntas, devem encontrar todas as possibilidades como o jogo poderá se desenrolar a partir desse 4º movimento, como mostrado aqui no tabuleiro, até que o jogo chegue ao final, assinalando as possibilidades de Ana sair vencedora ou Bia sair vencedora ou ocorrer empate, quando for o caso.

Eis a configuração do jogo após o 4º movimento, movimento que foi feito por Bia, mostrado na Figura 37, a seguir:

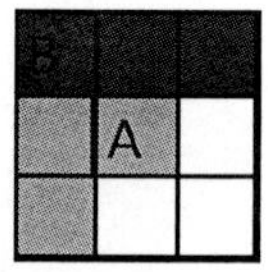

Figura 37: Configuração do jogo "Grelha Quadrada 3 x 3" - Versão C após o 4º movimento. Fonte: o autor.

A professora continua: vou começar por ajudá-las e depois vocês continuam fazendo, pois eu tenho a convicção de que vocês farão exatamente como tem de ser feito. Vamos lá, meninas:

Primeiramente eis a situação de jogo no 5º movimento, Figura 38, a seguir, com os 3 (três) possíveis movimentos que podem ser feitos por Ana: horizontalmente para a direita ou verticalmente, para cima ou para baixo

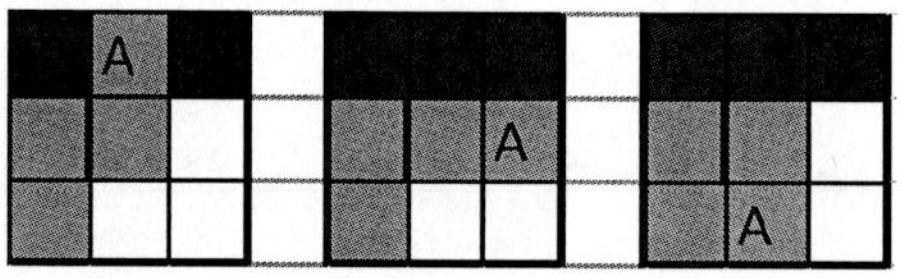

Figura 38: Configuração do jogo "Grelha Quadrada 3 x 3" - Versão C após o 5º movimento. Fonte: o autor.

Como foi a Ana quem fez o 5º movimento do jogo, o próximo movimento deverá ser feito por Bia. Eu começo, então, perguntando à Bia: Considerando cada uma das 3 (três) possibilidades que podem ser deixadas por Ana quais movimentos você poderá fazer no 6º movimento?

E Bia responde: em qualquer uma das três situações eu só posso movimentar a minha "tampinha" no sentido vertical, para baixo.

A Figura 39, a seguir, mostra-nos o possível movimento que Bia pode realizar no 6º movimento de jogo para cada situação que pode ser deixada por Ana, por ocasião do 5º movimento:

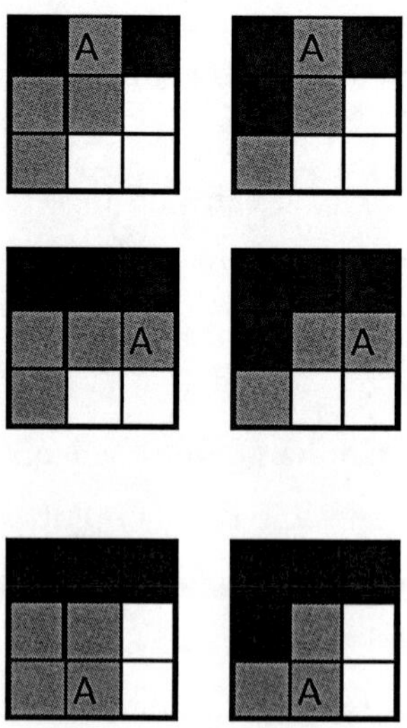

Figura 39: Situações de jogo, possíveis após o 6º movimento. Fonte: o autor.

Agora é a sua vez, Ana. Para cada possibilidade de movimentação da "tampinha" de cor azul, de Bia, quais movimentações você poderá realizar com a sua "tampinha" de cor amarela no 7º movimento, os seus últimos movimentos no jogo, em todas as 3 (três) possíveis situações?

E Ana responde: tanto na primeira quanto na segunda possibilidade eu devo movimentar a minha "tampinha" para a posição inicial que Bia iniciou o jogo de modo a respeitar a 3ª regra do jogo e, portanto, já serei a vencedora neste 7º movimento. Na terceira possibilidade, deixada por Bia, eu posso movimentar a minha "tampinha" horizontalmente para a direita ou verticalmente para cima.

A Figura 40, a seguir, mostra-nos os possíveis movimentos que Ana poderá realizar no 7º moimento de jogo, para a situação deixada pela posição da "tampinha" de cor azul, de Bia:

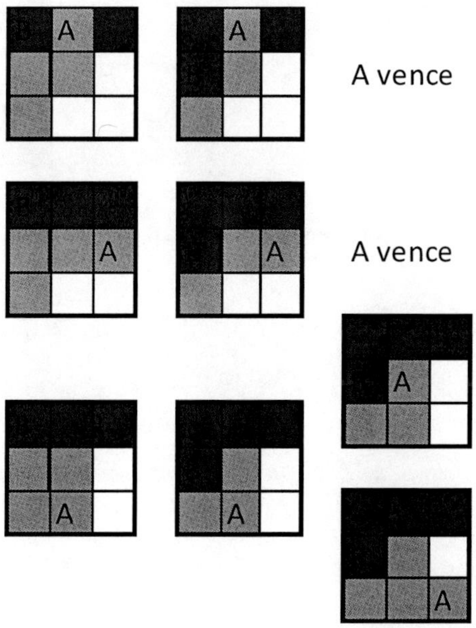

Figura 40: Situações de jogo possíveis, após o 7º movimento. Fonte: o autor.

Observe que a jogadora Ana vence o jogo em 2 (duas) possibilidades no 7º movimento - o último movimento que ela pode realizar no jogo.

Bem, agora vamos finalizar o jogo mostrando todos os possíveis movimentos de Bia no jogo - o 8º movimento de jogo, seu último movimento -, pois o jogo termina por aqui. Vocês não podem esquecer que o número máximo de movimentos no jogo é 8 (oito), segundo a 4ª regra do jogo. Mãos à obra, meninas.

A Figura 41, a seguir, mostra-nos os possíveis movimentos que Bia poderá realizar para a situação deixada pela posição da "tampinha" de cor amarela de Ana, e mostra o diagrama de árvore completo a partir do 4º movimento de jogo:

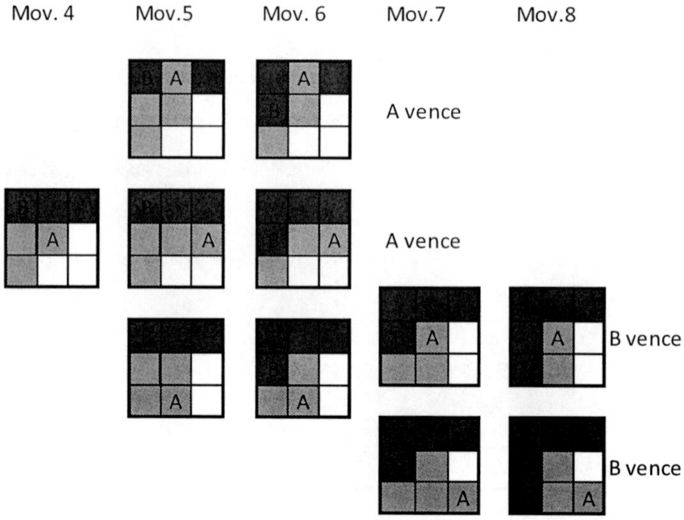

Figura 41: Situações de jogo possíveis, após o 8° movimento. Fonte: o autor.

Observe que, em 2 (duas) possibilidades a jogadora Ana vence no 7º movimento, e em 2 (duas) possibilidades a jogadora Bia vence o jogo no 8º movimento, o último do jogo.

Portanto, em uma disputa de jogo, no caso de ao final do 4º movimento haver a distribuição das "tampinhas" conforme foi indicado, o número de vezes que Ana pode vencer o jogo é igual ao número de vezes que Bia pode vencer: 2 (duas) oportunidades para cada uma.

Mas, em se tratando da chance de Ana ou de Bia sair vencedora, estas chances não são iguais, como veremos no próximo problema.

Pelo fato de Ana ser a próxima a jogar, no 5º movimento, em duas das três escolhas possíveis (vertical para cima e horizontal para a direita) ela já garante vitória.

Observe, também, que apenas na situação em que Ana movimenta sua "tampinha" na vertical para baixo, ela perde o jogo. Ou seja, será que é possível concluir a partir daí que as chances de cada uma das jogadoras vencer o jogo não são iguais?

Um bom ponto para a reflexão dos alunos é perguntar-lhes sobre a razão que levou Bia a vencer o jogo em 2 possibilidades considerando que ela sempre faz a sua jogada depois que Ana fez a sua. O diagrama de árvore indica a resposta para essa pergunta. Esta seria uma pista para encontrar uma possível "estratégia ganhadora"?

Também é interessante perguntar aos alunos: Há uma estratégia que Ana poderia utilizar para sair vencedora do jogo, já que ela tem o direito de movimentar a sua "tampinha" no 5º movimento, e Bia no 6º movimento?

Professor: embora tivéssemos apresentado todo o diagrama de árvore para a situação objeto do Problema 1, pedimos que não o mostre aos seus alunos antes que eles tentem fazer sozinhos. Dê a eles as orientações iniciais e deixe-os tentar. Obrigado.

Problema 2:

Ainda em relação ao Problema 1, uma vez que a visualização das possibilidades de jogo no diagrama de árvore nem sempre é confortável, por conta do grande número de combinações de jogadas e o fato de em alguns movimentos haver superposição da cor amarela sobre a cor azul (e vice-versa) sem que haja a captura de "tampinha", sugerimos que outra representação possa ser utilizada pelos jogadores.

Por exemplo, considere a situação em que o jogador A vence o jogo - como a situação representada no tabuleiro, e mostrada na Figura 42, seguir -, levando em conta uma possível numeração para os 9 quadrados:

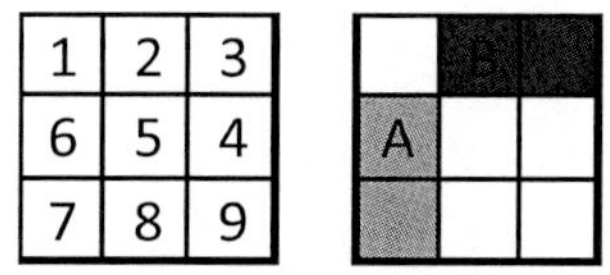

Figura 42: Tabuleiro de jogo com numeração, e os dois primeiros movimentos de um jogo. Fonte: o autor.

Uma possibilidade de representação para os três movimentos de um jogo, em que o jogador A vence, como mostrado acima, poderia ser apresentada assim: $\begin{pmatrix} A:7,6,2 \\ B:3,2 \end{pmatrix}$

Neste exemplo o jogador A vence o jogo ao "*capturar*" a "tampinha" do jogador B no quadrado 2.

Nesta representação, observe que:

- O jogador A é vencedor quando o seu último movimento é 3 (posição inicial do jogador B) ou quando os dois últimos lançamentos dos dois jogadores mostrarem valores iguais antes que o jogo chegue ao 8º movimento e A tenha mais registros que B;
- O jogador B é vencedor quando o seu último movimento é 7 (posição inicial do jogador B) ou quando os dois últimos lançamentos dos dois jogadores mostrarem valores iguais antes que o jogo chegue ao 8º movimento, e B tenha mais registros que A;
- Quando os valores dos últimos movimentos dos dois jogadores apontarem valores diferentes, tem-se um empate, que ocorre no 8º movimento. Em caso de empate, há igual quantitativo de registros para os dois jogadores (limitado à quantidade de 8 movimentos, conforme a 3ª regra do jogo) e os últimos valores registrados para os dois jogadores não coincidem.

Em seguida, vamos mostrar todas as possibilidades do jogo "Grelha Quadrada 3 x 3" - Versão C após a movimentação das "tampinhas" dos dois jogadores por ocasião do 4º movimento de jogo por meio da nova representação.

Estas possibilidades, por sua vez, já foram mostradas no diagrama de árvore acima.

- vitória de Ana, após o 7º movimento: ou $\begin{pmatrix} A:5,2,3 \\ B:1,6 \end{pmatrix}$ ou $\begin{pmatrix} A:5,4,3 \\ B:1,6 \end{pmatrix}$;

- vitória de Bia, após o 8º movimento: $\begin{pmatrix} A:5,8,5 \\ B:1,6,7 \end{pmatrix}$ ou $\begin{pmatrix} A:5,4,9 \\ B:1,6,7 \end{pmatrix}$

Problema 3:

Suponha, ainda para a situação de jogo apresentada no Problema 1, que Ana (A) e Bia (B) vão disputar o jogo **"Grelha Quadrada 3 x 3" - Versão C** de um modo diferente, a partir do 4º movimento de jogo que foi mostrado.

Eis a configuração do jogo, após o 4º movimento, movimento que foi feito por Bia, como mostra-nos a Figura 43, a seguir:

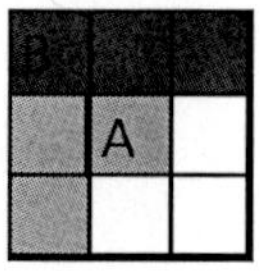

Figura 43: Configuração do jogo "Grelha Quadrada 3 x 3" - Versão C, após o 4º movimento. Fonte: o autor.

Essa é a maneira diferente como elas vão disputar o jogo:

Ana e Bia vão fazer os movimentos de suas respectivas "tampinhas" de maneira aleatória, assim: antes de fazer cada movimento com a sua respectiva "tampinha" cada uma lança uma moeda ao chão e observa a face voltada para cima.

Caso apareça "cara" na face voltada para cima ela deve movimentar a "tampinha" na direção horizontal e caso apareça "coroa" na face voltada para cima ela deve movimentar a "tampinha" na direção vertical. As demais regras do jogo devem continuar sendo respeitadas.

Para tanto, não esqueça que no caso de as duas "tampinhas" estarem em diagonal é obrigatório fazer o movimento de "captura" da "tampinha" do oponente e, portanto, a moeda não deve ser lançada, pois nesses casos considera-se que se está diante de um evento certo, probabilidade igual a 1.

O mesmo ocorre em relação à chegada à posição inicial de jogo do oponente. Cada um desses "*eventos*" é dito "*evento certo*", probabilidade igual a 1.

Então, o jogo vai funcionar assim:

- Se dois quadrados adjacentes (um junto ao outro) estiverem disponíveis, o jogador que vai fazer o movimento tem probabilidade ½ para mudar sua "tampinha" na direção horizontal e probabilidade ½ para mudar sua "tampinha" na direção vertical (para cima ou para baixo, apenas uma delas);
- Se três quadrados adjacentes (um junto ao outro) estiverem disponíveis, o jogador que vai fazer o movimento tem probabilidade 1/3 para mudar a sua "tampinha" na direção horizontal; probabilidade 1/3 para mudar sua "tampinha" na direção vertical para cima, e probabilidade 1/3 para mudar sua "tampinha" na direção vertical para baixo;
- Se apenas um quadrado estiver disponível, o jogador que vai fazer o movimento tem probabilidade 1 para mudar a sua "tampinha". Ou seja, estamos diante de um "*evento certo*".

Já vimos que o Espaço Amostral para esse experimento aleatório - segundo o que foi mostrado no diagrama de árvore acima - apresenta 4 (quatro) "*eventos elementares*". Isto é, há 4 ramos do diagrama de árvore.

Devemos, pois, calcular as probabilidades de ocorrência para cada um desses "*eventos elementares*", neste espaço amostral.

(a) Determine a probabilidade para cada um dos 4 eventos elementares mostrados no diagrama de árvore acima, como estão apresentados nas representações a seguir:

$$E_1 = \left\{ \begin{pmatrix} A:5,2,3 \\ B:1,6 \end{pmatrix} \right\}; E_2 = \left\{ \begin{pmatrix} A:5,4,3 \\ B:1,6 \end{pmatrix} \right\}; E_3 = \left\{ \begin{pmatrix} A:5,8,5 \\ B:1,6,7 \end{pmatrix} \right\}; E_4 = \left\{ \begin{pmatrix} A:5,8,9 \\ B:1,6,7 \end{pmatrix} \right\}.$$

Como exemplo, vamos determinar a probabilidade do evento $E_1 = \left\{\begin{pmatrix} A:5,2,3 \\ B:1,6 \end{pmatrix}\right\}$: p() = 1/3 (o jogador A movimenta sua "tampinha" do quadrado 5 para o quadrado 2, mas teria outras duas possibilidades de movimentação da sua "tampinha": do quadrado 5 para o quadrado 4 ou do quadrado 5 para o quadrado 8) x 1 (evento certo: o jogador B movimenta sua "tampinha" do quadrado 1 para o quadrado 6, pois este é o único modo de movimentação) x 1 (evento certo: o jogador A movimenta sua "tampinha" do quadrado 2 para o quadrado 3, movimento obrigatório de chegada ao quadrado final) = 1/3 x 1 x 1 = 1/3.

Como outro exemplo, vamos determinar a probabilidade do evento $E_3 = \left\{\begin{pmatrix} A:5,8,5 \\ B:1,6,7 \end{pmatrix}\right\}$:p() = 1/3 (o jogador A movimenta a sua "tampinha" do quadrado 5 para o quadrado 8, mas teria outras duas possibilidades de movimentação da sua "tampinha": do quadrado 5 para o quadrado 2 ou do quadrado 5 para o quadrado 4) x 1 (evento certo: o jogador B movimenta a sua "tampinha" do quadrado 1 para o quadrado 6) X 1/2 (o jogador A movimenta a sua "tampinha" do quadrado 8 para o quadrado 5, mas teria outra possibilidade de movimentação: do quadrado 5 para o quadrado 9) x 1 (evento certo: o jogador B movimenta a sua "tampinha" do quadrado 6 para o quadrado 7) = 1/3 x 1 x 1/2 x 1 = 1/6.

Calcule as outras duas probabilidades. Ao final do cálculo de todas as 4 probabilidades, dos 4 eventos elementares, não esqueça de se certificar que a soma das probabilidades é igual a 1, como deve ser.

Ou seja: $p(E_1) + p(E_2) + p(E_3) + p(E_4) = 1/3 + p(E_2) + 1/6 + p(E_4) = 1$.

(b) Segundo as regras estabelecidas, este Espaço Amostral é equiprovável? Explique.

(c) Qual a probabilidade de Ana vencer o jogo?

(d) Qual a probabilidade de Bia vencer o jogo?

(e) Qual a probabilidade de ocorrer empate?

(f) Por que a probabilidade de Ana vencer o jogo é tão maior que a probabilidade de Bia vencer o jogo, se ambas têm igual número de possibilidades de vencer: duas possibilidades? Explique.

Problema 4:

Ana (A) e Bia (B) estão jogando o jogo **"Grelha Quadrada 3 x 3" - Versão C** pela terceira vez - com vitória para Ana nas duas primeiras rodadas - quando a professora Carla chega junto à mesa onde elas estão, observa a disposição das "tampinhas de garrafa pet" sobre o tabuleiro após os 4 primeiros movimentos das "tampinhas"; as anotações que fizeram no desenho do tabuleiro em papel, e faz a seguinte proposta às duas estudantes:

Agora vocês não vão mais continuar a jogar mas, juntas, encontrar todas as possibilidades como o jogo poderá se desenrolar, a partir do 1º movimento, até que chegue ao final, com vitória de Ana ou vitória de Bia ou empate.

Vou começar por ajudá-las, e depois vocês continuam, pois tenho a convicção de que farão exatamente como tem de ser feito. Vamos lá: Primeiramente, eis a situação de jogo após o 1º movimento, feito por Ana, como mostra-nos a Figura 44, a seguir:

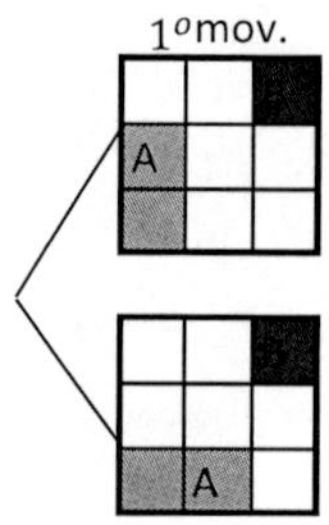

Figura 44: Situação de jogo após o primeiro movimento. Fonte: o autor.

Como foi Ana quem fez o 1º movimento do jogo, o próximo movimento deverá ser feito pela Bia.

Então, eu começo perguntando à Bia: quais movimentos com a sua "tampinha" você poderá fazer no 2º movimento, considerando cada uma das possibilidades deixadas por Ana?

E ela responde: tanto na primeira situação quanto na segunda situação: verticalmente para baixo ou horizontalmente para a esquerda.

A Figura 45, a seguir, mostra-nos esses 2 (dois) possíveis movimentos que Bia poderá realizar o 2º movimento de jogo, para cada situação anterior:

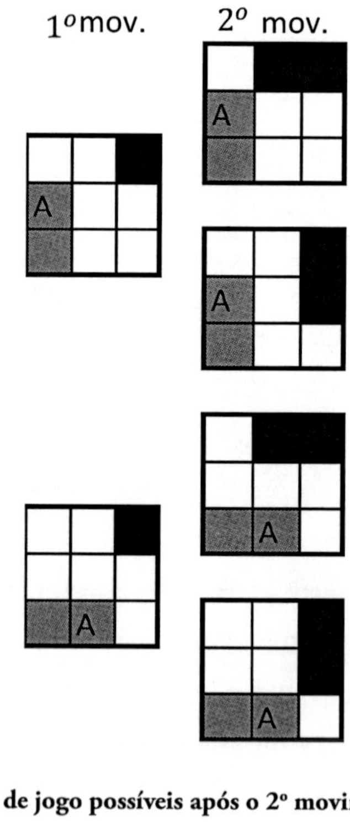

Figura 45: Situações de jogo possíveis após o 2º movimento. Fonte: o autor.

Agora é a sua vez, Ana. Para cada uma dessas 4 (quatro) possibilidades de movimentação da "tampinha" de cor azul, de Bia, que movimentações você poderá realizar com a sua "tampinha" de cor amarela no 3º movimento?

E ela responde: tanto na 1ª quanto na 4ª possibilidade eu já sou vencedora, e nas outras duas possibilidades posso movimentar verticalmente para baixo ou horizontalmente para a esquerda.

A Figura 46, a seguir, mostra-nos os possíveis movimentos que Ana poderá realizar para cada uma das situações que podem ser deixadas pelas posições da "tampinha" de cor azul de Bia:

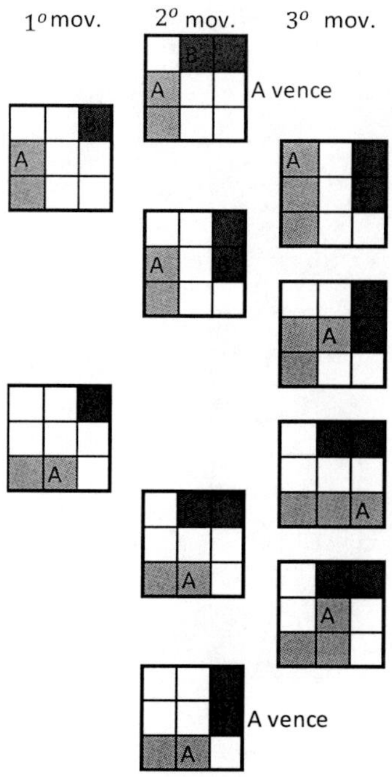

Figura 46: Situações de jogo possíveis até o 3º movimento. Fonte: o autor.

Observe que, em 2 (duas) possibilidades, a jogadora Ana vence o jogo em apenas 3 movimentos de jogo.

Bem, agora vocês podem continuar construindo o diagrama de árvore para o problema, mas não esqueçam que, segundo a 4ª regra do jogo, o número máximo de movimentos é 8 (oito). Mãos à obra, meninas.

Professor, em prosseguimento vamos apresentar o restante do diagrama de árvore apenas para permitir que sejam feitas algumas perguntas, em seguida.

Por favor, pedimos que não mostre aos alunos o diagrama de árvore completo antes que eles tentem fazer sozinhos, apresentando todas as possibilidades. Obrigado.

Por conta de o desenho do diagrama de árvore completo ser muito amplo dividimos em 2 (duas) partes, para melhor visualização, mostrados nas Figuras 47 e 48, a seguir:

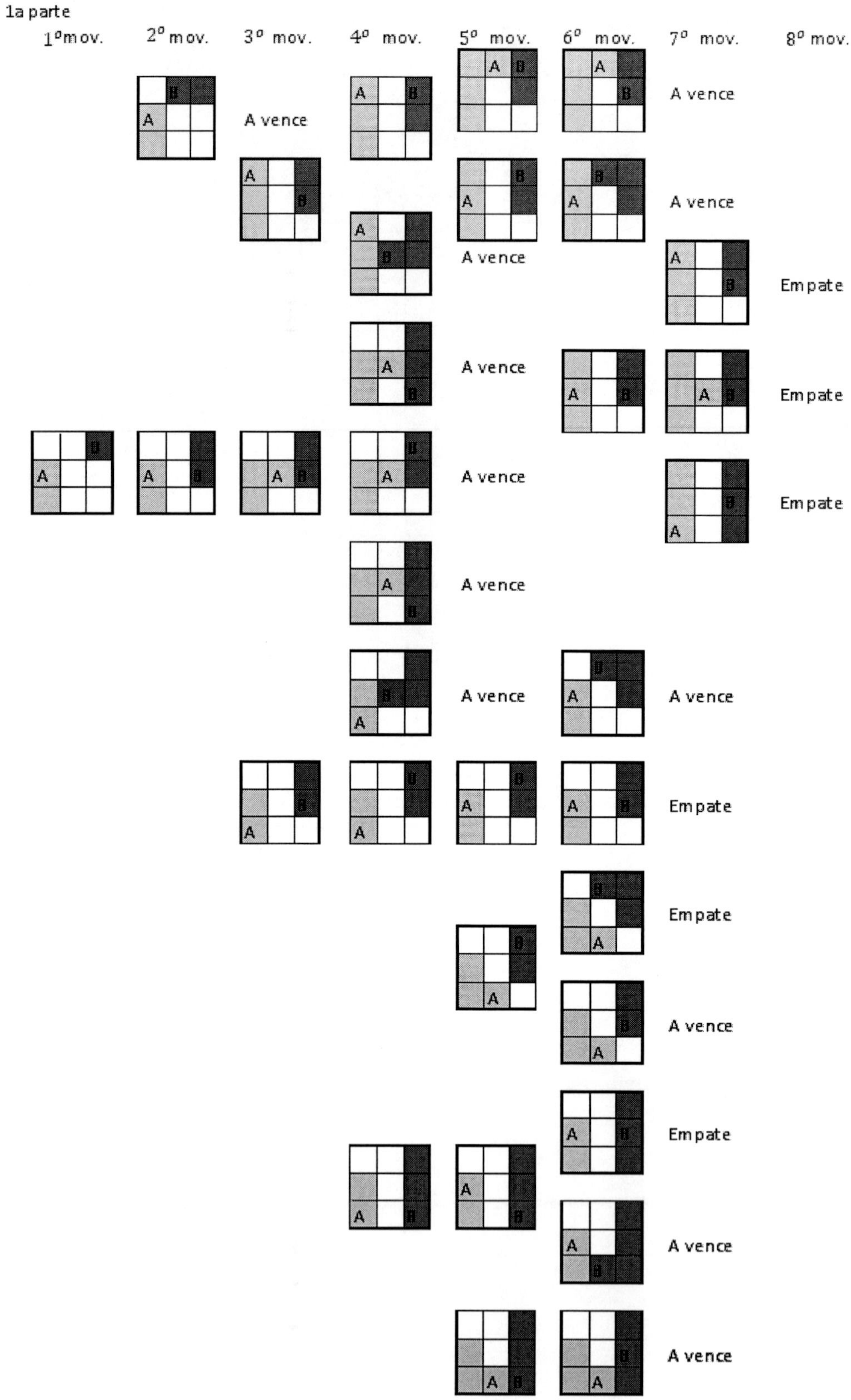
1a parte
1º mov.
2º mov.
3º mov.
4º mov.
5º mov.
6º mov.
7º mov.
8º mov.
A vence
A vence
A vence
A vence
Empate
A vence
A vence
Empate
A vence
Empate
A vence
A vence
A vence
Empate
Empate
A vence
Empate
A vence
A vence

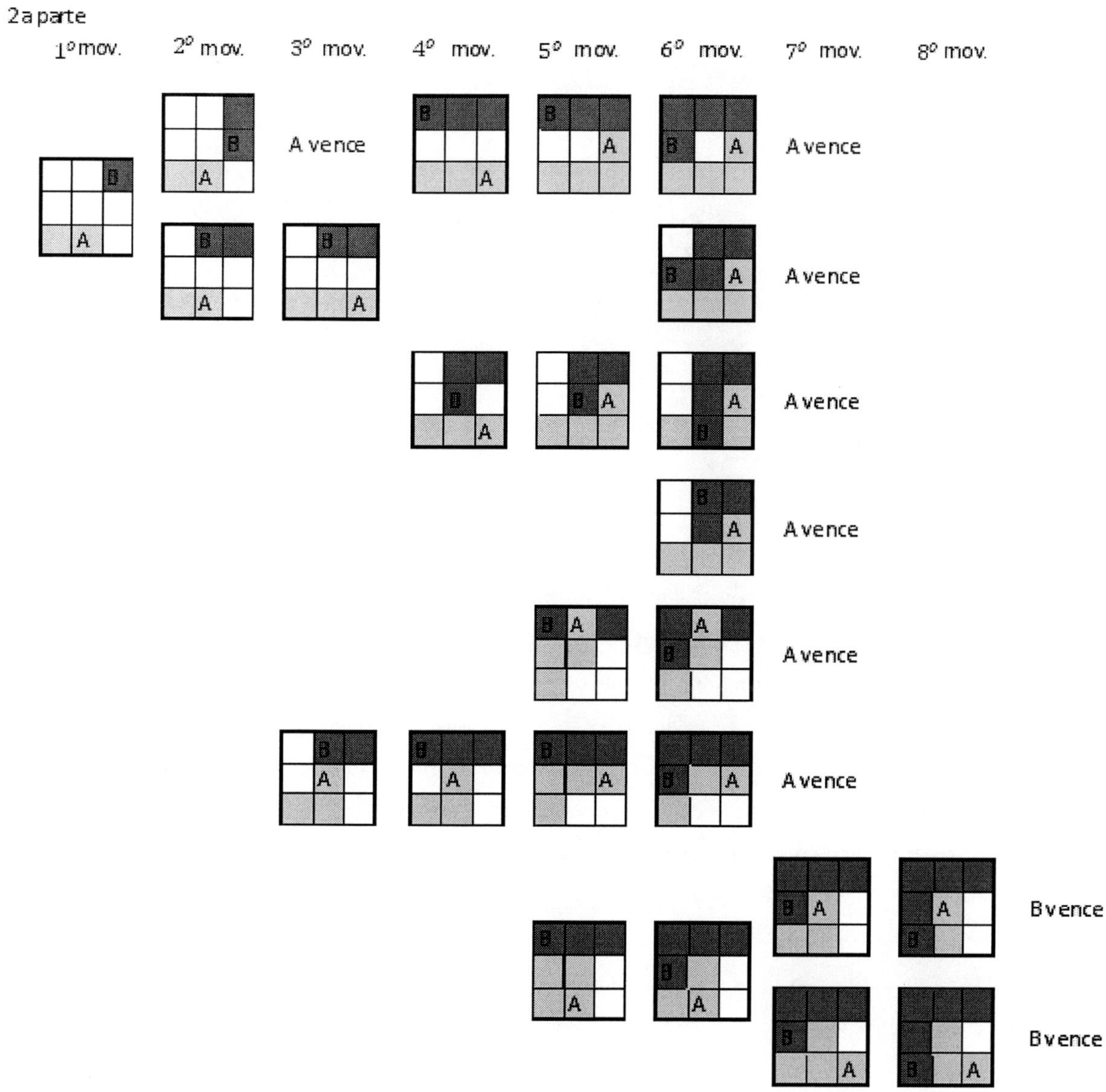

Figura 48: Diagrama de árvore completo – 2ª parte. Fonte: o autor.

Observe que em 2 duas possibilidades possíveis de desenvolvimento do jogo, a jogadora Ana é vencedora já no 3º movimento; em 5 possibilidades a jogadora Ana é vencedora no 5º movimento de jogo; em 12 possibilidades a jogadora Ana é vencedora no 7º movimento de jogo; em 2 possibilidades a jogadora Bia é vencedora no 8º movimento de jogo, e em 6 possibilidades ocorre empate no 8º movimento de jogo.

Assim, Ana vence em 19 possibilidades de jogo, enquanto Bia vence em apenas duas possibilidades, bem como ocorre empate em 6 possibilidades.

Para todas as 27 possibilidades mostradas no diagrama de árvore, utilize a outra representação, como mostra-nos a Figura 49, a seguir.

Não só por conta do grande número de combinações de jogadas quanto pelo fato de em alguns movimentos haver superposição da cor amarela sobre a cor azul (e vice-versa), sem que haja a captura de "tampinha".

Por exemplo, considere a situação em que o jogador A vence o jogo - como representada no tabuleiro a seguir -, levando em conta uma possível numeração para os 9 quadrados:

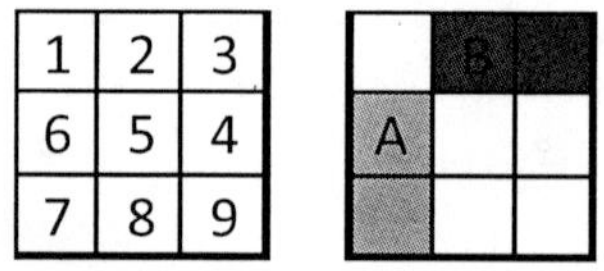

Figura 49: Tabuleiro de jogo com uma numeração dos quadrados, e os dois primeiros movimentos de um jogo. Fonte: o autor.

Uma possibilidade de representação para os dois movimentos de um jogo, co mo mostrado acima, em que o jogador A vence no terceiro movimento poderia ser apresentada assim: $\begin{pmatrix} A:7,6,2 \\ B:3,2 \end{pmatrix}$.

Neste exemplo, o jogador A vence o jogo ao capturar a "tampinha" do jogador B no quadrado de número 2. Observe que:

- O jogador A é vencedor quando o seu último movimento é 3 ou quando os dois últimos lançamentos dos dois jogadores mostrarem valores iguais, antes que o jogo chegue ao 8º movimento;
- Quando o jogador B é vencedor, seu último movimento é 7;
- Quando os valores dos últimos movimentos dos dois jogadores apontar valores diferentes, tem-se um empate, que ocorre no 8º movimento. Em caso de empate, há igual quantitativo de registros para os dois jogadores (limitado à quantidade de 8 movimentos, conforme a 3ª regra do jogo) e os últimos valores dos dois jogadores não coincidem.

Problema 5:

Considere que Ana e Bia vão fazer os movimentos de suas respectivas "tampinhas" de maneira aleatória, assim: antes de fazer cada movimento com a sua respectiva "tampinha" cada uma delas lança uma moeda ao chão e observa a face voltada para cima.

Caso apareça "cara" na face voltada para cima ela deve movimentar a "tampinha" na direção horizontal, e caso apareça "coroa" na face voltada para cima ela deve movimentar a "tampinha" na direção vertical. As demais regras do jogo devem continuar sendo respeitadas.

Também, não esqueça, no caso de as duas "tampinhas" estarem em diagonal, que é obrigatório o movimento de "captura" da "tampinha" do oponente e, portanto, a moeda não deve ser lançada.

O mesmo ocorre em relação à chegada à posição inicial de jogo do oponente. Cada um desses "*eventos*" é dito "*evento certo*", probabilidade igual a 1.

Então, o jogo vai funcionar assim:

- Se dois quadrados adjacentes (um junto ao outro) estiverem disponíveis, o jogador que vai fazer o movimento tem probabilidade ½ para mudar sua "tampinha" na direção horizontal e probabilidade ½ para mudar sua "tampinha" na direção vertical (para cima ou para baixo, apenas uma delas);
- Se três quadrados adjacentes (um junto ao outro) estiverem disponíveis, o jogador que vai fazer o movimento tem probabilidade 1/3 para mudar a sua "tampinha" na direção horizontal; probabilidade

1/3 para mudar sua "tampinha" na direção vertical para cima, e probabilidade 1/3 para mudar sua "tampinha" na direção vertical para baixo;

- Se apenas um quadrado estiver disponível, o jogador que vai fazer o movimento tem probabilidade 1 para mudar a sua "tampinha". Ou seja, estamos diante de um "*evento certo*".

Já vimos que o Espaço Amostral para esse experimento aleatório - segundo o que foi mostrado no diagrama de árvore, mostrado acima - apresenta 27 (vinte e sete) "*eventos elementares*".

Isto é, há 27 ramos do diagrama de árvore. Devemos, pois, calcular as probabilidades de ocorrência para cada um desses "*eventos elementares*" neste espaço amostral.

(a) Determine a probabilidade para cada um dos 27 eventos elementares mostrados no diagrama de árvore acima.

(b) Segundo as regras estabelecidas, este Espaço Amostral é equiprovável? Explique.

(c) Qual a probabilidade de Ana vencer o jogo?

(d) Qual a probabilidade de Bia vencer o jogo?

(e) Qual a probabilidade de ocorrer empate?

(f) Por que a probabilidade de Ana vencer o jogo é tão maior que a probabilidade de Bia vencer o jogo ou de ocorrer empate? Explique.

Problema 6:

Ana (A) e Bia (B) estão jogando o jogo **"Grelha Quadrada 3 x 3" - Versão C.** Supondo que, após o 5º movimento a "tampinha" de Ana esteja no quadrado de número 8 e a "tampinha" de Bia esteja no quadrado de número 1, há algum movimento que Ana possa fazer para impedir que Bia vença o jogo? Explique.

Problema 7:

Ana (A) e Bia (B) estão jogando o jogo **"Grelha Quadrada 3 x 3" - Versão C.** Há algum movimento inicial de jogo que Ana poderá fazer de modo que este movimento já lhe garanta vitória sobre Bia logo no 3º movimento de jogo? Se sim, qual?

Problema 8:

Ana (A) e Bia (B) estão jogando o jogo **"Grelha Quadrada 3 x 3" - Versão C.** Considerando que Ana vai iniciar jogando, você identificou uma "estratégia ganhadora" de modo que Bia vença o jogo? Em caso afirmativo, descreva-a.

Problema 9:

Ana (A) e Bia (B) estão jogando o jogo **"Grelha Quadrada 3 x 3" - Versão C.** Considerando que Ana vai iniciar jogando, você identificou uma "estratégia ganhadora" de modo que Ana vença o jogo? Em caso afirmativo, descreva-a.

Capítulo 4

Considerações Finais

A probabilidade é uma área da Matemática Discreta que se preocupa em estudar conceitos associados com a modelagem de fenômenos aleatórios (fenômenos não determinísticos), com o propósito de "medir a incerteza", isto é, como fazer uso de tais conceitos para resolver problemas da realidade e problemas que tenham sido derivados de simulações, ou ainda, problemas oriundos da realização de experimentos.

Cabe ao professor que ensina Matemática a alunos da Educação Básica, a tarefa de ensinar probabilidade desde os anos iniciais em diferentes anos do Ensino Fundamental e nas três séries no Ensino Médio.

As diretrizes curriculares presentes na Base Nacional Comum Curricular (BNCC) e nos currículos estaduais e municipais, confirmam essas orientações neste sentido.

Contudo, pesquisas recentes têm mostrado que os professores ainda não estão preparados para ensinar probabilidade em uma perspectiva do *letramento probabilístico*, para esse universo de alunos.

Por outro lado, resultados de pesquisas também têm mostrado haver certo negligenciamento quanto a não incorporação da disciplina Didática do Ensino de Probabilidade nos cursos de formação inicial de professores que vão ensinar Matemática para os alunos da Educação Básica: Cursos de Pedagogia e Licenciaturas em Matemática, não obstante a importância que ela tem, inclusive para a formação dos professores que já estão em docência na sala de aula.

Não obstante alguns cursos de Licenciatura em Matemática oferecerem a disciplina Matemática Discreta em suas grades curriculares, alguns trabalhos de estudo e/ou de pesquisa têm relatado que em alguns deles o foco tem recaído sobre os aspectos matemáticos da teoria das probabilidades.

Assim, o tempo destinado ao ensino de questões pedagógicas relacionadas com a exploração e o desenvolvimento do conteúdo probabilidade com alunos da educação básica ou tem sido insuficiente ou então ainda não tem sido objeto de preocupação e prioridade por parte dos docentes formadores.

Se considerarmos os currículos dos cursos de Pedagogia - onde ocorre a formação inicial de professores que vão ensinar Matemática desde a Educação Infantil até o 5º Ano do Ensino Fundamental - a situação é ainda mais preocupante, pois muito pouco de matemática discreta: análise combinatória, probabilidade e estatística tem sido objeto de estudo e desenvolvimento junto aos futuros professores.

Em alguns casos, o perfil docente decorrente da formação de professores que atuam nos anos iniciais tem mostrado certo distanciamento da Matemática, enquanto ciência.

E como tal, os cursos de formação tornam-se carentes em apresentar as bases teóricas e metodológicas que permitiriam aos futuros professores desempenharem melhor o seu trabalho docente, já desde os primeiros anos de docência.

Pesquisas têm apontado que a formação inicial dos professores que são oriundos das licenciaturas em Pedagogia apresenta lacunas com respeito ao ensino e a aprendizagem da Matemática, como um todo. Tanto em relação aos conhecimentos de conteúdo específicos - os quais deveriam fazer parte da formação (ser abordados) inicial, pois precisam ser ensinados por esses professores quando ingressarem na carreira -, quanto em relação aos conhecimentos pedagógicos de conteúdo - os quais, precisam ser aprendidos em abrangência, de modo que sejam desenvolvidos e ensinados aos alunos com segurança e efetividade.

Sobre essa questão, Curi (2004) salienta que

> [...] Tal ocorre porque o conhecimento "de" e "sobre" a Matemática é apresentado de maneira fragmentada e insuficiente nos programas das poucas disciplinas que tratam do ensino da Matemática em alguns cursos de Pedagogia (72 cursos, no total), uma vez que estão centralizados em aspectos metodológicos de ensino, em detrimento à compreensão da Matemática básica enquanto atividade humana - nas situações em que tal acontece.

Os cursos de Pedagogia, em grande parte, segundo Curi (2004), têm tido maior preocupação quanto ao "saber fazer" em detrimento ao "como saber", ou seja, a maneira como se constituem os conhecimentos matemáticos elementares a serem ensinados aos alunos dos anos iniciais, acentuando a defasagem de conhecimentos específicos de conteúdo durante a formação inicial de professores.

Identificamos em nossos estudos, que há certo receio dos professores dos anos iniciais em relação ao modo como deveriam/poderiam ensinar Matemática para os seus alunos, como resultado do pouco ou nenhum estudo relacionado com os conhecimentos pedagógicos de conteúdos da Matemática durante a formação inicial.

Quanto a essa questão, reportamo-nos à Imbernón (2011), que assim trata dessa questão ao afirmar que o conhecimento pedagógico presente na experiência da prática profissional docente:

> [...] legitima-se na prática e reside, mais do que no conhecimento das disciplinas, nos procedimentos de transmissão, reunindo características específicas como a complexidade, a acessibilidade, a observabilidade [...] (Imbernón, 2011, p. 32).

É possível identificar haver certa frustração dos professores dos anos iniciais ao longo dos primeiros anos de docência no que refere ao enfrentamento de problemas pedagógicos, os quais eles ainda têm algumas dificuldades em saber como lidar.

Por um lado, os novos professores saem da Universidade com muitas ideias para serem colocadas em prática na sala de aula, munidos de um repertório de conhecimentos pedagógicos (ou parte deles) que lhes parece ser suficiente para o exercício da docência, e logo no início do desempenho de suas atividades docentes se sentem frustrados ao perceberem serem eles inúteis.

Na maioria das vezes é normal que tal ocorra por conta de haver considerável distanciamento entre a teoria e a prática aprendidas no curso de formação inicial, mesmo que a prática tenha sido feita com alunos reais, em salas de aula reais, com o domínio da classe do licenciando sendo observado apenas por um professor experiente e/ou pelo professor regente da turma.

Sobre essa questão, D'Ambrosio (1993) assim se manifesta:

> [...] Da mesma forma que os alunos constroem seu conhecimento matemático através de suas experiências com a matemática, futuros professores constroem seu conhecimento sobre o ensino de matemática através de suas experiências com o ensino. Nesse processo de construção, a identificação e a resolução de problemas são essenciais. Porém, se o futuro professor não tiver contato com alunos em idade escolar, dificilmente poderá identificar e resolver problemas de ensino e aprendizagem. Daí a necessidade de incorporarmos um componente de experiência com alunos, desde o início dos programas de formação de professores [...] (D'Ambrosio, 1993, p. 39).

Entretanto, muito embora defendemos haver necessidade de investir na formação inicial de professores nas Licenciaturas em Matemática e Pedagogia, e nas formações continuadas de professores em serviço, ressaltamos que sempre será preciso uma atenção especial e tempo suficiente durante todos os momentos formativos com relação a todas essas questões.

Assim, necessário se faz esse diferenciado olhar e atuação de modo que os professores se apropriem dos conhecimentos pedagógicos de conteúdo em conjunto com os conhecimentos de conteúdo. Notadamente, no que refere à compreensão de conceitos, significados e representações desde os conceitos matemáticos básicos, e se estendendo aos mais complexos.

A compreensão dos conceitos (aspecto formal) por parte dos futuros professores (e dos professores em serviço), deve se sobrepor à compreensão e o domínio procedimental (aspecto algorítmico), e não apenas nos momentos de aprendizagem durante os cursos de formação, mas, sobretudo, na prática de sala de aula como os seus alunos.

Ademais, o domínio procedimental pode ser ineficiente se o aspecto formal não for levado em conta para justificar o porquê das técnicas serem assim, e a razão de elas serem assim e não de outro modo.

Portanto, a não compreensão conceitual por parte dos professores, durante a formação inicial (e continuada), acarreta limitações didáticas e incompreensões de conteúdo que dificultam, ou mesmo impedem, o satisfatório desenvolvimento da prática docente - cedo ou tarde -, em sala de aula.

Ressalte-se, mais uma vez, que em grande parte essas situações têm origem no modo dicotômico como são tratados os conhecimentos específicos de conteúdo e os conhecimentos pedagógicos de conteúdo durante uma formação inicial ou continuada.

Assim, o ensino de probabilidade que vem sendo desenvolvido com os alunos da Educação Básica - desde muito tempo, restrito apenas às séries finais do ensino médio - é considerado insatisfatório do ponto de vista do preparo dos professores no tocante aos conhecimentos de conteúdo e aos conhecimentos pedagógicos de conteúdo, segundo os conhecimentos preconizados por Shulman (1986) para o pleno exercício da docência. Nos dias de hoje, e nas vezes em que o ensino de probabilidade tem sido explorado, o modo como ele tem sido desenvolvido tem sido insuficiente para dirimir equívocos, os quais são produzidos em grande parte, pelo inadequado uso de conceitos probabilísticos já no seio escolar- calcado nos aspectos algorítmico e formal apenas, salvo exceções. Destaque para o conceito de aleatoriedade, o qual tem sido muito pouco ou quase nunca explorado da maneira como deveria ser apresentado e desenvolvido pelos professores, com os seus alunos, procurando corrigir distorções no nascedouro - desde quando as distorções se apresentam, em manifestações de alunos, de pessoas em geral e nas mídias.

Se estendermos essa análise para os cidadãos em geral - exceto nas situações mais simples: chance de jogar uma moeda ao chão, e visualizar "cara" na face voltada para cima igual 50% (dificilmente associado à razão ½), com a compreensão de que é possível obter uma sequência de muitas faces "cara" -, tem-se visto muitos equívocos.

E, mais uma vez, com maior destaque para a não compreensão de aspectos que estão presentes na aleatoriedade.

Em nosso entendimento, a presença da disciplina Didática da Probabilidade nos currículos dos cursos de formação inicial de professores traria, portanto, condições favoráveis e enriquecedoras para fomentar a ampliação conceitual aos futuros professores no tocante aos conhecimentos pedagógicos de conteúdo, e a oportunidade de que essas e outras lacunas de conteúdo possam vir a ser cobertas com segurança.

Em consequência desta inclusão da disciplina Didática da Probabilidade nos currículos dos cursos de formação inicial de professores, acreditamos que teríamos significativas melhorias na formação dos alunos da educação básica segundo perspectivas crítico-reflexivas próprias do letramento probabilístico.

O uso de jogos para o ensino de probabilidade - como os jogos que são apresentados neste livro - mostra-se atraente, no sentido de constituir-se uma ferramenta matemática capaz de resgatar parte dos equívocos que foram anteriormente mencionados.

Esforços foram feitos pelo autor, no sentido de apresentar os conceitos básicos de probabilidade de maneira subliminar quando do desenrolar dos três primeiros jogos, com ênfase nos experimentos aleatórios cotidianos: jogar dois dados ao chão, e observar os valores mostrados nas faces voltadas para cima. Em seguida, decidir quanto à soma, diferença positiva ou produto entre eles, em diferentes situações: os eventos simples ou os eventos compostos.

De modo geral, os objetivos desses três jogos são os de: explorar os conhecimentos próprios à obtenção do espaço amostral dos experimentos; identificar os eventos simples e os eventos compostos, e obter a chance de cada um deles ocorrer. Em cada um deles também há questões que remetem aos conhecimentos acerca do conceito aleatoriedade.

O questionário inicial - apresentado no Capítulo 1 - tem o propósito de ajudar o professor na elaboração e no desenvolvimento de uma sequência de ensino a partir dos conhecimentos que os alunos têm acerca do conceito de aleatoriedade, por meio das respostas que eles apresentarem. Eis, pois, um importante instrumento didático que visa fundamentar as ações que o professor pode encaminhar a partir do questionário inicial e dos jogos que devem ser propostos.

Também é importante focar na construção e na exploração da árvore de possibilidades, e esses conhecimentos serem utilizados como mote para a construção da correspondente árvore de probabilidades por meio da identificação de todos os eventos simples - os elementos do espaço amostral.

Especial atenção deve ser emprestada ao ensino de probabilidade com vieses calcados nas oportunidades de os alunos elaborarem perguntas, conjeturarem, refletirem e discutirem entre si, com o propósito de haver apropriação de informações em estreita relação com os conhecimentos matemáticos adicionais. Tais conjeturas devem ser respondidas por eles mesmos, por meio de pesquisas, de modo que elas possam fundamentar, com mais propriedade, os conhecimentos aprendidos, e fomentar a busca por novos conhecimentos.

Entendemos, que o ensinar probabilidade na educação básica na perspectiva do letramento probabilístico vai ao encontro de contribuir para a melhoria da formação matemática dos estudantes, e na constituição de valores atitudinais para a cidadania. Além do mais, o ensino e a aprendizagem da Matemática na educação básica não pode deixar de lado a utilização de jogos como uma ferramenta motivadora, e instrumentalizada a contribuir para melhorar o ensino e a aprendizagem dos conteúdos.

Como apontam resultados de pesquisas, o uso do jogo na escola tem mostrado que os alunos ficam bem mais motivados e descontraídos quando estão jogando, e assim, os conceitos matemáticos subjacentes ao jogo são mais bem compreendidos por eles.

Melhor ainda, quando o jogo gera novos conhecimentos, propõe novas posturas e desenvolve novas competências - ações que facilitam a apropriação de conceitos, conhecimentos, procedimentos e estratégias para as tomadas de decisão. Também é fato que há um grande envolvimento dos alunos no jogo, o que traz resultados positivos para o ensino, como a melhoria da participação nas aulas, a oportunidade de conjeturarem hipóteses pessoais ou coletivas e a procura, por eles mesmos, de argumentos e ferramentas matemáticas que permitam prová-las. Pelos alunos, é possível que sejam apresentados os significados que se espera a um dado conceito que esteja sendo explorado, bem como também se espera que eles consigam estabelecer relações entre o(s) conceito(s) e a (s) sua (s) representação (ões), por exemplo.

Portanto, quando uma sequência didática é estruturada por completo, segundo uma dimensão crítico-reflexiva: questionário preliminar, jogos e atividades, o autor acredita que há um somatório de esforços que visam contribuir para dar significado aos conceitos probabilísticos que nela são desenvolvidos. Em consequência desses esforços se espera estar contribuindo para a melhoria da formação dos nossos alunos para a cidadania, e para a inserção mais igualitária de cidadãos conscientes e responsáveis em nossa sociedade.

Contudo, não podemos esquecer que é preciso unir esforços para melhorar a formação do professor no tocante ao ensino e a aprendizagem de probabilidade com os alunos da escola básica, tanto os professores dos anos iniciais do ensino fundamental (licenciados em Pedagogia) quanto os professores dos anos finais do ensino fundamental e do ensino médio (licenciados em Matemática).

Esperamos que todo o conteúdo deste livro ajude no esforço de buscar encontrar e colocar em prática ações concretas que visem melhorar o ensino de probabilidade, as quais esperamos venham tanto na formação inicial de professores quanto no ensino e na aprendizagem que deve ser ofertado a todos os alunos da Educação Básica.

Referências Bibliográficas

ALBUQUERQUE, I de Metodologia da Matemática. Rio de Janeiro: Editora Conquista, 1954.

BALL, Deborah Loewenberg de; THAMES, Mark Hoover; PHELPS, Geoffrey Charles. Content knowledge for teaching: What makes it special? *Journal of Teacher Education*, v.59, n.5, p.389-407. 2008. Disponível em: < http://mathed.net/wiki/Ball,_Thames,_%26_Phelps_ >, Acesso em: 10, jun. 2020.

BORIN, J. Jogos e resolução de problemas: uma estratégia para as aulas de matemática. São Paulo: CAEM/ IME-USP, 1998.

BRANDÃO, C. Comunidades Aprendentes. In: Encontros e Caminhos, Ministério do Meio Ambiente. Brasília, 2005.

BRASIL. Parâmetros Curriculares Nacionais. Matemática. 1º e 2º ciclos. Ministério da Educação. Secretaria de Ensino Fundamental. Brasília, 1997.

BRASIL. Parâmetros Curriculares Nacionais para o Ensino Fundamental: Matemática. Ministério da Educação. Secretaria de Educação Fundamental. MEC/SEF. Brasília, 1998.

BRYANT, Peter e NUNES, Terezinha Children's understanding of probability: a literature review. Nuffield Foundation, 2012.

CURI, E. Formação de professores polivalentes: uma análise de conhecimentos para ensinar Matemática e de crenças e atitudes que interferem na constituição desses conhecimentos. [Tese de doutorado em Educação Matemática. Pontifícia Universidade Católica de São Paulo, 2004].

D'AMBRÓSIO, B.S. Como ensinar Matemática hoje? Temas e Debates. SBEM. Ano II. n. 2. p. 15-19. Brasília, 1989.

D'AMBRÓSIO, U. Formação de professores de matemática para o século XXI: o grande desafio. Pró-Posições. v.4, n.1(10). Editora Cortez/Unicamp. Campinas. SP, 1993.

FISCHBEIN, Efrain. The intuitive sources of probabilistic thinking in children. Dordrecht: Reide, 1975l.

FISCHBEIN, Efrain. The interaction between the formal, the algorithmic and the intuitive components in a mathematical activity. In: Didactics of Mathematics as a Scientific Discipline. Mathematics Education Library. Dordrecht: Kluwer Academic Publishers, 1994.

FREIRE, Paulo. Pedagogia da autonomia: saberes necessários à prática educativa. São Paulo - SP: Paz e Terra. 1ª ed. 1996. 45ª ed, 2013.

HALL, O. La Desafección de los Jóvenes por la Ciencia y la Tecnologia: Uma Tendencia Peligrosa. Documento UNESCO. Paris, 2012.

INBERNÓN, F. Formação docente e profissional: formar para a mudança e a incerteza. Editora Cortez. 9ª ed. São Paulo. SP, 2011.

LORENZATO, S. Para aprender matemática. Autores Associados. 3. Ed. Campinas. SP, 2010.

MEYER, P. L. Probabilidade: aplicações à estatística. Livros Técnicos e Científicos. Rio de Janeiro. RJ, 1997.

MIZUKAMI, Maria da Graça Nicoletti. Aprendizagem da docência: algumas contribuições de L. S. Shulman. *Revista Centro de Educação, Santa Maria*, v.29, n.2, 2004. Disponível em: <http://coralx.ufsm.br/revce/revce/2004/02/a3.htm>, Acesso em: 10, jun. 2020.

NAVARRO-PELAYO, V., BATANERO, Carmem. e GODINO, Juan D. Razonamiento combinatório em alumnos de secundaria. Educación Matemática. Grupo Editorial Ibero América. v.8(1). p. 26-39. Madrid, 1996.

SHULMAN, Lee S. Paradigms and research programs for the study of teaching. In: WITTROCK, M.C. (Ed). *The Handbook of Research on Teaching*. New York: *MacMillan*. 3rd.Edition.1986.

SHULMAN, Lee S. Those who understand: knowledge growth in teaching. *Educational Researcher*, v.15, n.2, p.4-14. 1986.

SHULMAN, Lee S. Knowledge and Teaching: Foundations of the New Reform. *Educational Review*, v.57, n. 1, p. 1-22. 1987.

SMOLE, K. S.; DINIZ, M. I.; PESSOA, N. e ISHIHARA, C. Jogos de Matemática: de 1º a 3º ano. Cadernos do Mathema. Grupo A. Porto Alegre, 2008.

SKOVSMOSE, Ole. Cenários para investigação. Revista Bolema. v.13, n. 14, p. 66-91. Rio Claro. SP, 2000.

SKOVSMOSE, Ole. Educação Matemática Crítica: a Questão Da Democracia. Coleção perspectivas em educação matemática. Papirus Editora .160 p. São Paulo, 2001.

TALL, David. & VINNER, S. Concept image and concept definition in mathematics with particular reference to limits and continuity. Educational Studies in Mathematics, 1981.

TEIXEIRA, Paulo Jorge Magalhães. O exercício do Raciocínio Combinatório nos Anos Iniciais do Ensino Fundamental e o Letramento Combinatório. In: Formação de professores e contemporaneidade. Capítulo 3, p. 42-60, Pantanal Editora, 2022.

TEIXEIRA, Paulo Jorge Magalhães. Um estudo sobre os conhecimentos necessários ao professor de Matemática para a exploração de problemas de contagem no Ensino Fundamental. [Tese de doutorado em Educação Matemática, Universidade Bandeirante de São Paulo]. São Paulo, 2012.

TEIXEIRA, Paulo Jorge Magalhães. Construção da linguagem matemática no Ensino Fundamental: reflexões e práticas relativas ao raciocínio combinatório. [Tese de doutorado em Ciências de la Educacion, Universidad Americana]. Assunção. PY, 2012.

TEIXEIRA, Paulo Jorge Magalhães. Professores de Matemática e problemas de contagem no Ensino Fundamental. In: Anais do XI ENEM - Encontro Nacional de Educação Matemática. Educação Matemática: Retrospectivas e Perspectivas. PUC-PR Curitiba.PR, 2013.

TEIXEIRA, Paulo Jorge Magalhães. Resolvendo problemas de Análise Combinatória nos anos iniciais do Ensino Fundamental. Editora Ciência Moderna Ltda. 1. ed.173p. Rio de Janeiro, 2014.

TEIXEIRA, Paulo Jorge Magalhães. Práticas acerca do Raciocínio Combinatório no Ensino Fundamental. NEA – Novas Edições Acadêmicas. 1. ed. 456p. São Paulo, 2015.

TEIXEIRA, Paulo Jorge Magalhães. Resolvendo problemas de Análise Combinatória nos anos finais do Ensino Fundamental. Editora Ciência Moderna Ltda, 1. ed. 445p. Rio de Janeiro, 2018.

VERGNAUD, Gérard. La teorie dês Champs Conceptuals. RDM, v.10, n.23, 1990.

WILSON, Suzanne Mary; SHULMAN, Lee S.; RICHERT, Anna E. 150 different ways' of knowing: representations of knowledge in teaching. In: CALDERHEAD, J. (Ed.). Exploring Teachers' Thinking. Grã-Bretanha. London: *Cassel Educational Limited*, 1987.p.104-124.

Anexo

O que se segue são situações-problema de probabilidade que o professor pode utilizar com os seus alunos da Escola Básica para complementar o estudo da temática, tanto com alunos do Ensino Fundamental quanto com alunos do Ensino Médio.

Situações-problema envolvendo a aprendizagem de probabilidade

1. Paulo e os colegas da sua turma vão à festa do "Dia das Crianças", que será realizada no Maracanã, com a chegada de helicóptero com alguns dos "Super-Heróis", no próximo domingo. Considere que você também vá à festa do "Dia das Crianças".

   Para as pessoas, animais ou objetos cujos nomes estão indicados abaixo, você deve escrever o correspondente número ao lado de cada nome, conforme você considere que:
   (1) "vai encontrar, com certeza";
   (2) "talvez encontre", e
   (3) "é impossível de encontrar".

   a. Um palhaço:
   b. Uma cadeira de rodas:
   c. Um boi:
   d. Um sofá:
   e. Uma árvore:
   f. Uma geladeira:
   g. Uma dupla de alunos dançando samba:
   h. Um elefante:
   i. Um par de esquadros:
   j. Um dragão:
   k. Um vampiro:
   l. O presidente de Portugal:
   m. Um gatinho preto:

n. Uma cama redonda:

o. Um astronauta:

p. Um boneco feito de neve:

2. Um menino tem 3(três) calças: uma de cor branca, uma de cor preta e outra de cor marrom, e camisas, disponíveis em 4(quatro) cores: uma de cor verde, uma de cor vermelha, uma de cor azul e outra de cor amarela. Qual a probabilidade de o menino estar vestindo calça branca e camisa azul, da próxima vez que você encontrá-lo?

3. Ana jogou uma moeda ao chão por 10 (dez) vezes e, em todas elas apareceu a face "coroa" na face da moeda voltada para cima.

   Da próxima vez que Ana jogar a moeda ao chão, na face da moeda voltada para cima vai aparecer a face "cara" ou a face "coroa"? Explique porque você acha isso:

   Se Ana continuar jogando a moeda ao chão por mais 20 (vinte) vezes é possível afirmar que em todas às vezes a face da moeda voltada para cima será a face "coroa"? Explique porque você acha isso:

   Se Ana continuar jogando a moeda ao chão por mais 20 (vinte) vezes é possível afirmar que em metade delas a face da moeda voltada para cima será a face "coroa" e em metade das vezes a face da moeda voltada para cima será a face "cara"? Explique porque você acha isso:

   Se Ana continuar jogando a moeda ao chão por mais 100 (cem) vezes, é possível afirmar que na maioria das vezes a face da moeda voltada para cima será a face "coroa"? Porque você acha isso?

   Se Ana continuar jogando a moeda ao chão, por muito mais vezes, é possível afirmar que haverá mais vezes em que a face da moeda voltada para cima será a face "coroa" que a face da moeda voltada para cima ser a face "cara"? Explique porque você acha isso: ....

   Se Ana jogar a moeda ao chão, a face "cara" voltada para cima tem mais chances de sair que a face "coroa" voltada para cima? Explique porque você acha isso:

   Qual a chance de aparecer face "cara" na face da moeda voltada para cima da próxima vez que Ana jogar a moeda ao chão?

   Qual a chance de aparecer face "coroa" na face da moeda voltada para cima, da próxima vez que Ana jogar a moeda ao chão?

Ao jogar uma moeda ao chão, descreva um "evento impossível":

Ao jogar uma moeda ao chão, descreva um "evento certo":

Ao jogar uma moeda ao chão, é possível descrever um evento "pouco provável de ocorrer"? :
Explique porque você acha isso:

Ao jogar uma moeda ao chão, é possível descrever um "evento" cuja chance de ocorrer é nenhuma?
Explique porque acha isso:

Ao jogar uma moeda ao chão, é possível descrever um "evento" cuja chance de ocorrer é pequena?
Explique porque acha isso:

Ao jogar uma moeda ao chão, é possível descrever um "evento" cuja chance de ocorrer é muito grande?
Explique porque acha isso:

Ao jogar uma moeda ao chão, é possível descrever um "evento" que seja certo de ocorrer? Explique porque acha isso:

4. Ana jogou um dado de cor vermelho ao chão por 5 (cinco) vezes e, em todas elas apareceu a face "duas bolinhas" do dado, voltada para cima. Da próxima vez que Ana jogar o dado ao chão, na face do dado voltada para cima vai aparecer a face "duas bolinhas"? Explique porque você acha isso:

   Se Ana continuar jogando o dado ao chão por mais 20 (vinte) vezes é possível afirmar que em todas às vezes a face do dado voltada para cima será a face "duas bolinhas"? Explique porque você acha isso:

   Se Ana continuar jogando o dado ao chão por mais 20 (vinte) vezes é possível afirmar que em metade delas a face do dado voltada para cima será a face "duas bolinhas" e em metade das vezes a face do dado voltada para cima será a face "uma bolinha"? Explique porque você acha isso:

   Se Ana continuar jogando o dado ao chão por mais 100 (cem) vezes, é possível afirmar que na maioria das vezes a face do dado voltada para cima será a face "duas bolinhas"? Porque você acha isso?

   Se Ana continuar jogando o dado ao chão, por muito mais vezes, é possível afirmar que haverá mais vezes em que a face do dado voltada para cima será a face "duas bolinhas" que a face do dado voltada para cima ser a face "uma bolinha"? Explique porque você acha isso:

Se Ana jogar o dado ao chão por 1000 (mil) vezes, o que é possível afirmar em relação às chances de que cada uma das faces do dado voltada para cima será a face: "uma bolinha", "duas bolinhas", "três bolinhas", "quatro bolinhas", "cinco bolinhas", "seis bolinhas"? Explique porque você acha isso:

Se Ana jogar o dado ao chão, a face "duas bolinhas" voltada para cima tem mais chances de sair que a face "uma bolinha" voltada para cima? Explique porque você acha isso:

Se Ana jogar o dado ao chão, todas as faces do dado voltadas para cima têm igual chance de aparecer? Explique porque você acha isso:

Qual a chance de aparecer a face "três bolinhas" na face do dado voltada para cima da próxima vez que Ana jogar a dado ao chão?

Qual a chance de aparecer a face "cinco bolinhas" na face do dado voltada para cima da próxima vez que Ana jogar o dado ao chão?

Escreva o Espaço Amostral - o conjunto que contém todas as possibilidades de ocorrência da face do dado voltada para cima -, quando se joga um dado ao chão.

O conjunto que contém todas as possibilidades de ocorrência da face do dado voltada para cima, quando se joga um dado ao chão, tem quantos elementos?

Descreva cada um dos "Eventos Simples" que podem ocorrer quando se joga um dado ao chão, assim: E_1 = { .... }, E_2 = { ....}, ...

Qual a chance de aparecer uma face do dado voltada para cima, da próxima vez que Ana jogar o dado ao chão, mostrando uma quantidade par de "bolinhas"?

Qual a chance de aparecer uma face do dado voltada para cima, da próxima vez que Ana jogar o dado ao chão, mostrando uma quantidade ímpar de "bolinhas"?

Qual a chance de aparecer uma face do dado voltada para cima, da próxima vez que Ana jogar o dado ao chão, mostrando uma quantidade de "bolinhas" maior que 4?

Qual a chance de aparecer uma face do dado voltada para cima, da próxima vez que Ana jogar o dado ao chão, mostrando uma quantidade de "bolinhas" maior que 6?

Qual a chance de aparecer uma face do dado voltada para cima, da próxima vez que Ana jogar o dado ao chão, mostrando uma quantidade de "bolinhas" menor que 1?

Ao jogar um dado ao chão, descreva um "evento impossível":

Ao jogar um dado ao chão, descreva um "evento certo":

Ao jogar um dado ao chão, é possível descrever um evento "pouco provável de ocorrer"? Explique porque você acha isso:

Ao jogar um dado ao chão, é possível descrever um "evento" cuja chance de ocorrer é nenhuma? Explique porque acha isso:

Ao jogar um dado ao chão, é possível descrever um "evento" cuja chance de ocorrer é pequena? Explique porque acha isso:

Ao jogar um dado ao chão, é possível descrever um "evento" cuja chance de ocorrer é muito grande? Explique porque acha isso:

(y) Ao jogar um dado ao chão, é possível descrever um "evento" que seja certo de ocorrer? Explique porque acha isso:

5. Ana jogou 2 (dois) dados ao chão: um de cor vermelha e outro de cor branca e vai fazer experimentos de observação da soma das quantidades de "bolinhas" mostradas nas faces dos dados voltadas para cima.

   Ajude Ana a responder às questões seguintes e, se tiver alguma outra pergunta a respeito desse experimento, você deve fazê-la de modo que os seus colegas o ajudem a respondê-la.

   Ana jogou dois dados ao chão: um de cor vermelha e outro de cor branca, por 5 (cinco) vezes, e em todas as vezes a quantidade da soma das "bolinhas" mostradas nas faces dos dados voltadas para cima resultou em um número par. Da próxima vez que Ana jogar os dois dados ao chão a quantidade da soma das "bolinhas" mostradas nas faces dos dados voltadas para cima resultará em um número par? Explique porque você acha isso:

   Se Ana continuar jogando os dois dados ao chão, por mais 20 (vinte) vezes, é possível afirmar que em todas às vezes a soma das quantidades das "bolinhas" das faces dos dados voltadas para cima será um número par? Explique porque você acha isso:

Se Ana continuar jogando os dados ao chão por mais 20 (vinte) vezes é possível afirmar que em metade delas a soma das quantidades das "bolinhas" das faces dos dados voltadas para cima será um número par e em metade delas a soma das quantidades de "bolinhas" das faces dos dados voltadas para cima será um número ímpar? Explique porque você acha isso:

Se Ana continuar jogando os dois dados ao chão por mais 100 (cem) vezes, é possível afirmar que na maioria das vezes a soma das quantidades das "bolinhas" das faces dos dados voltadas para cima será um número par? Porque você acha isso?

Se Ana continuar jogando os dados ao chão, por muito mais vezes, é possível afirmar que haverá mais vezes em que a soma das quantidades das "bolinhas" das faces dos dados voltadas para cima será um número par, que a soma das quantidades das "bolinhas" das faces dos dados voltadas para cima será um número ímpar? Explique porque você acha isso:

Se Ana jogar os dois dados ao chão, o que é possível afirmar em relação às chances relativas às somas das quantidades das "bolinhas" das faces dos dados voltadas para cima? Explique porque você acha isso:

Se Ana jogar os dois dados ao chão, todas as faces do dado vermelho voltadas para cima têm igual chance de aparecer que as faces do dado de cor branca? Explique porque você acha isso:

Qual a chance de aparecer soma igual a 12 nas quantidades das "bolinhas" das faces dos dados voltadas para cima?

Qual a chance de aparecer soma igual a 12 nas quantidades das "bolinhas" das faces dos dados voltadas para cima?

Qual a chance de aparecer soma igual a 1 nas quantidades das "bolinhas" das faces dos dados voltadas para cima?

Escreva o Espaço Amostral, que contém todas as possibilidades de ocorrência das faces dos dois dados voltadas para cima, quando se joga os dois dados ao chão. Construa uma tabela de dupla entrada para mostrar todas as possibilidades.

O conjunto que contém todas as possibilidades de ocorrência da soma das quantidades das "bolinhas" das faces dos dois dados voltadas para cima, quando se joga os dois dados ao chão, tem quantos elementos?

Descreva cada um dos "Eventos Simples" relacionados com as possibilidades de mostrar as quantidades

de "bolinhas" mostradas nas faces voltadas para cima de cada um dos dois dados - que podem ocorrer quando se joga dois dados distintos ao chão: um de cor vermelha e outro de cor branca -, assim:
E_1 (distribuição das quantidades de "bolinhas" das faces voltadas para cima, quando se joga dois dados distintos ao chão, cuja soma é igual a 2) = { (........,..........)},
E_2 (distribuição das quantidades de "bolinhas" das faces voltadas para cima, quando se joga dois dados distintos ao chão, cuja soma é igual a 3) = { (........,..........); (.........., ...)},....................................

Qual a quantidade de pares ordenados, para cada um dos eventos simples que foram apresentados no item (l)? Escreva assim: O evento E_1 tem .... elementos; o evento E_2 tem ..... elementos ....

Qual a chance de aparecer soma igual a seis das quantidades das "bolinhas" das faces dos dados voltadas para cima, da próxima vez que Ana jogar os dois dados ao chão?

Qual a chance de aparecer soma igual a sete das quantidades das "bolinhas" das faces dos dois dados voltadas para cima, da próxima vez que Ana jogar os dois dados ao chão?

Qual a chance de aparecer soma maior que dez das quantidades das "bolinhas" das faces dos dois dados voltadas para cima, da próxima vez que Ana jogar os dois dados ao chão?

Qual a chance de aparecer soma maior que doze das quantidades das "bolinhas" das faces dos dois dados voltadas para cima, da próxima vez que Ana jogar os dois dados ao chão?

Qual a chance de aparecer soma menor que 2 das quantidades das "bolinhas" das faces dos dois dados voltadas para cima, da próxima vez que Ana jogar os dois dados ao chão?

Ao jogar dois dados distintos ao chão, relativamente à soma das "bolinhas" mostradas nas faces dos dois dados voltadas para cima, descreva um "evento impossível":

Ao jogar dois dados distintos ao chão, relativamente à soma das "bolinhas" mostradas nas faces dos dois dados voltadas para cima, um "evento certo":

Ao jogar dois dados distintos ao chão, relativamente à soma das "bolinhas" mostradas nas faces dos dois dados voltadas para cima, é possível descrever um evento "pouco provável de ocorrer"? Explique porque você acha isso:

Ao jogar dois dados distintos ao chão, é possível descrever um "evento" cuja chance de ocorrer é nenhuma? Explique porque acha isso:

Ao jogar dois dados distintos ao chão, é possível descrever um "evento" cuja chance de ocorrer é pequena? Explique porque acha isso:

Ao jogar dois dados distintos ao chão, é possível descrever um "evento" cuja chance de ocorrer é muito grande? Explique porque acha isso:

Ao jogar dois dados distintos ao chão, é possível descrever um "evento" que seja certo ocorrer? Explique porque acha isso:

Impressão e acabamento
Gráfica da Editora Ciência Moderna Ltda.
Tel: (21) 2201-6662